创意服装设计系列

丛书主编 李 正

服装
缝制工艺基础

王胜伟 程 钰 孙路苹 编著

U0301455

化学工业出版社

·北京·

内容简介

本书是一本讲授服装缝制工艺基础的实用图书，共分四章，分别为服装缝制工艺基础知识、服装缝制与熨烫工艺、服装部件缝制工艺、服装成品缝制工艺。本书从服装缝制工艺基础知识入手，采用分步骤解析的方式，全面系统地介绍了手缝和机缝等缝制工艺、基础服装部件的缝制工艺以及衬衫、女式西装、男士西装等服装成品的基础缝制工艺流程。本书内容丰富、由浅至深、从局部到整体、图文并茂、步骤详细、易学易懂、操作性强，有助于读者循序渐进地学习，读者亦可以通过基础缝制工艺和服装部件的缝制工艺图解说明，自行设计并制作出创意性服装。

本书既可以作为高等院校服装专业、服装企业与服装培训机构的教学用书，也可作为广大服装爱好者的入门自学用书。

图书在版编目 (CIP) 数据

服装缝制工艺基础 / 王胜伟，程钰，孙路苹编著． —
北京：化学工业出版社，2021.5
（创意服装设计系列 / 李正主编）
ISBN 978-7-122-38634-2

Ⅰ．①服… Ⅱ．①王… ②程… ③孙… Ⅲ．①服装缝
制 – 高等学校 – 教材 Ⅳ．① TS941.63

中国版本图书馆 CIP 数据核字（2021）第 038502 号

责任编辑：徐　娟　　　　　文字编辑：林　丹　沙　静　　　　　封面设计：刘丽华
责任校对：宋　玮　　　　　　　　　　　　　　　　　　　　　　装帧设计：中图智业

出版发行：化学工业出版社（北京市东城区青年湖南街 13 号　邮政编码 100011）
印　　装：北京瑞禾彩色印刷有限公司
787mm×1092mm　1/16　印张 12½　字数 250 千字　2021 年 8 月北京第 1 版第 1 次印刷

购书咨询：010-64518888　　　　　　　　　　　　　　　售后服务：010-64518899
网　　址：http：//www.cip.com.cn
凡购买本书，如有缺损质量问题，本社销售中心负责调换。

定　　价：78.00 元　　　　　　　　　　　　　　　　　版权所有　违者必究

序

常态下人们的所有行为都是在接收了大脑的某种指令信号后做出的一种行动反应。人们先有意识而后才有某种行为，自己的行为与自己的意识一般都是匹配的，也就是二者之间总是具有某种一致性的，或者说人们的行为是受意识支配的。我们所说的意识支配行为又叫理论指导实践，是指常态下人们有意识的各种活动。艺术设计思维是艺术设计与创作活动中最重要的条件之一，也是艺术设计层次的首要因素，所以说"思维决定高度，高度提升思维"。

"需求层次论"告诉我们一个基本的道理：社会中的人类繁杂多样各不相同，受文化、民族、宗教、地缘气候与习性等因素的影响，无论是从人的心理方面研究还是从人的生理方面研究，人们的客观需求与主观需求都有很大的差异。所以亚伯拉罕·马斯洛提出人们有生理需求、安全需求、社交需求、尊重需求、自我实现需求五个不同层次的需求。尽管人们对需求层次论有各种争议，但是人类的需求层次存在差异性应该是没有异议的，这里我想说明艺术设计思维也是具有层次差异性的，每一位艺术设计师必须牢牢记住这个基本的问题。

基于提升艺术设计思维的层次，我们的团队在一年前就积极主动联系了化学工业出版社，共同探讨了出版事宜，在此特别感谢化学工业出版社给予本团队的大力支持与帮助。2017年我们组织了一批具有较高成果显示度的专业设计师、研究设计理论的学者、艺术设计高校教师等近20人开始计划、编撰创意服装设计系列丛书。

杨妍老师是本团队的骨干，具体负责本系列丛书的出版联络等事项。杨妍老师认真负责，做事严谨，在工作中表现得非常优秀。她刻苦自律，参与编著了《服装立体裁剪与设计》《服装结构设计与应用》，本系列丛书能顺利出版在此要特别感谢杨妍老师。

作为本系列丛书的主编，我深知责任重大，所以我也直接参与了每本书的编写。在编写中我多次召集所有作者召开书稿推进会，一次次检查每本书稿，提出各种具体问题与修改方案，指导每位作者认真编写、完善书稿。

本次共计出版7本图书，分别是：岳满、陈丁丁、李正的《服装款式创意设计》；陈丁丁、岳满、李正的《服装面料基础与再造》；徐慕华、陈颖、李潇鹏的《职业装设计与案例精析》；杨妍、唐甜甜、吴艳的《服装立体裁剪与设计》；唐甜甜、龚瑜璋、杨妍的《服装结构设计与应用》；吴艳、杨予、李潇鹏的《时装画技法入门与提高》；王胜伟、程钰、孙路苹的《服装缝制工艺基础》。

本系列丛书在编写工作中还得到了王巧老师、王小萌老师、张婕设计师、张鸣艳老师以及徐倩蓝、韩可欣、于舒凡、曲艺彬等同学的大力支持与帮助。她们都做了很多具体的工作，包括收集资料、联系出版、提供专业论文等，在此表示感谢。

尽管在编写书稿的过程中我们非常认真努力，多次修正校稿再改进，但本系列丛书中也一定还存在不足之处，敬请广大读者提出宝贵的意见，便于我们再版时进一步改进。

苏州大学艺术学院教授、博导　李正

2020 年 8 月 8 日　于苏州大学艺术学院

前　言

服装缝制工艺是服装爱好者、服装设计师、服装专业学生所需具备的基础技能之一，它也是服装款式设计和服装结构设计的最终体现。

本书共四章，主要介绍了服装缝制工艺基础。本书将简单的缝制技巧运用到基础的缝制工艺中去，不同的缝制技巧搭配不同的服装，并配有大量的实物照片与电脑绘制图，使初学者可以根据分解步骤图与文字说明来完成整件服装成品的缝制。每个模块的学习内容都能运用到上一模块的内容，并为下一模块的学习做好铺垫。读者可以根据章节内容进行拓展练习，设计并制作出更加完美的作品。

本书借鉴与总结了目前国内外常用的服装缝制工艺基础理论与实践的成功经验。在编著关于服装缝制技巧性问题的内容时听取了一些知名服装企业资深专业缝制工人及服装院校工艺教师的建议，使本书具有了较高的实际应用价值。

本书在编著中参阅了欧美与日本的一些服装专业书刊与相关技术标准；国内主要参考与借鉴了李正、徐静、鲍卫君、童敏、刘瑞璞、胡茗、周捷等服装方面的知名专家、教授的一些专业著作，从而使本书不仅具有实用价值，同时也具有了一定的学术价值。

本书由苏州大学艺术学院王胜伟、程钰、孙路苹编著，其中第一章由王胜伟编著，第二章、第三章、第四章由王胜伟、程钰、孙路苹编著。全书由苏州大学艺术学院李正教授统稿。在本书编著过程中得到了苏州大学艺术学院领导和部分教师的大力支持，在此表示真挚的感谢。苏州大学文正学院唐甜甜老师、苏州高等职业技术学院杨妍老师、苏州大学艺术学院研究生翟嘉艺同学和林艺涵同学等为本书的编著提供了大量的图片资料，在此一并表示感谢。最后特别感谢苏州大学李正学术团队的杨妍老师对本书稿出版工作的大力支持。

由于本书讲解的服装款式种类有限，加之时间仓促与编著者的水平有限，本书难免有遗漏与不足之处，诚请专家、读者批评指正，以便再版时加以修正。

编著者
2020 年 12 月

目 录

目　录

第一章
服装缝制工艺基础知识

服装是穿着在人体上的物品的总称，如上衣、裤子、裙子等。服装缝制工艺是服装从设计草图到成品的最后一个环节，也是检验服装结构设计是否合理的关键步骤。由于服装的品类繁多、结构各异、款型多变，因此对缝制工艺的要求也有所不同。服装缝制工艺在服装整体设计中起着重要作用，掌握服装缝制工艺的理论知识和实践操作能力是服装设计师必须具备的专业素质。

本章介绍了服装缝制工具与设备、服装材料以及服装缝制工艺名词术语。服装设计师对于服装缝制工具与设备的熟练掌握程度、服装各种材料的了解程度以及服装缝制工艺名词术语的运用程度，大大影响了服装成品缝制工艺的效率和质量。

第一节　服装缝制工具与设备

在服装缝制过程中，需要用到各种缝制工具与设备，主要有制图工具、缝制工具、熨烫工具和缝纫设备等。在缝制不同的服装过程中，也需要选择不同的工具和设备。制图工具主要用于服装结构纸样的绘制，常用的有绘图纸、绘图尺、绘图笔等。缝制工具主要用于面料裁剪以及服装成品的缝制过程中，常用的有剪刀、缝纫针、划粉、镊子等工具。熨烫工具主要用于服装缝制过程中熨烫以及最后服装成品设计的整烫，常用的有烫台、熨斗、烫布、喷壶等。缝纫设备主要用于服装的各类缝制，常用的有工业缝纫机、家用缝纫机、包缝等。本节具体介绍了各类服装缝制工具和设备的名称、用途和使用方法。

一、制图工具

在进行服装缝制之前，首先要进行服装结构纸样绘制。常用的服装制图工具主要有以下几种。

（一）绘图纸

绘图纸是指在服装缝制之前用于绘制纸样的纸张，在绘制纸样时，设计师会根据需求选择不同类型的纸张。常用的绘图纸有白卡纸、牛皮纸、拷贝纸、CAD绘图纸等。白卡纸和牛皮纸的纸张较厚，且再次利用率高，常用于服装纸样的原型绘制，如图1-1、图1-2所示。拷贝纸的纸张较薄，一般用于拷贝纸样和纸样放缝，如图1-3所示。CAD绘图纸主要用于CAD图纸打印，需要安装到打印机上才可以使用，如图1-4所示。

图1-1　白卡纸

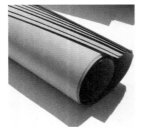
图1-2　牛皮纸

图1-3　拷贝纸

图1-4　CAD绘图纸

（二）绘图尺

绘图尺在缝制过程中主要用于测量、定位、画线、校正。常用的绘图尺有直尺、丁字尺、比例尺、曲线尺、皮尺、多功能裁剪尺、放码尺、大刀尺等。

1. 直尺

直尺主要用于绘制直线和测量直线的长度。常用的直尺有20cm、40cm、60cm、100cm等长度，如图1-5所示。

2. 丁字尺

丁字尺呈"丁"字形，通常用于绘制垂直线和校正垂直线，如图1-6所示。

图1-5　直尺

图1-6　丁字尺

3. 比例尺

比例尺主要用于绘制纸样设计练习的缩图，纸样缩图既可以节省绘制时间和纸张，又能够清晰地呈现整个纸样。比例尺有四种型号，分别为1:4（图1-7）比例尺、1:5（图1-8）比例尺、多功能比例尺（图1-9）、六合一比例尺（图1-10）。

4. 曲线尺

（1）多功能曲线尺。多功能曲线尺内设2~3cm直边放码格、1cm曲线推档、180°量角器、

0.8～2.2cm 扣模、两种常用对照表等。它主要用于绘制腰身弧线、裤子内侧缝弧线、袖窿弧线、领口弧线等各种微弧线，如图 1-11 所示。

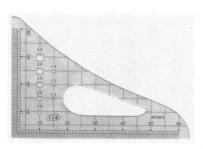

图 1-7　1：4 比例尺

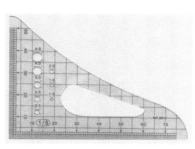

图 1-8　1：5 比例尺

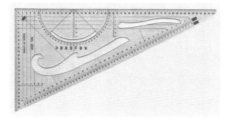

图 1-9　多功能比例尺

图 1-10　六合一比例尺

（2）逗号曲线尺。逗号曲线尺内设有全方位专用曲线、多规格曲线推档、0.8～2.2cm 扣模等。它主要用于绘制短弧线，如袖窿弧线、袖山弧线、裤裆弧线、领口弧线等。如图 1-12 所示。

图 1-11　多功能曲线尺

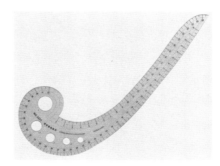

图 1-12　逗号曲线尺

（3）字形曲线尺。字形曲线尺又称 6 号尺，主要用于绘制领口弧线、袖窿弧线等多种弧度，如图 1-13 所示。

（4）袖窿曲线尺。袖窿曲线尺形状呈水滴形，内设有 180° 量角器、0.8～2.5cm 扣模。它主要用于袖窿、纽扣的绘制与测量，如图 1-14 所示。

（5）大刀尺。大刀尺的曲线长度为 61cm，适用于绘制袖窿、领口、西装领翻折线等部位，具有曲线测绘、等距离转移、曲线推档等功能，如图 1-15 所示。

（6）服装尺。服装尺的直线长度为 40cm，曲线长度为 58cm，内设有公制放码格式、

180°量角器，具有测绘直、曲线，直、曲线放码，等距离转移等功能，如图1-16所示。

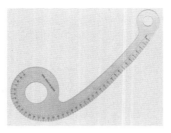

图1-13 字形曲线尺

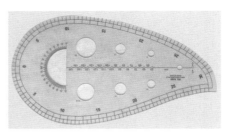

图1-14 袖窿曲线尺

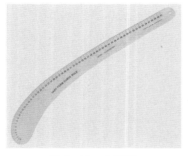

图1-15 大刀尺

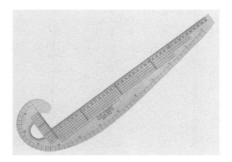

图1-16 服装尺

5. 多功能裁剪尺

多功能裁剪尺内设有公制放码格式、180°专用量角器、曲线测绘及等距离转移、1cm曲线推档、各种扣模、两种常用对照表等功能，常用于打板、放码、绘制直线、绘制曲线等，如图1-17所示。

6. 放码尺

放码尺的长度为50cm，宽度为5cm，可360°弯曲。主要用于纸样设计原型的放码，也可根据操作者的熟练程度绘制纸样设计中的各种曲线，如图1-18所示。

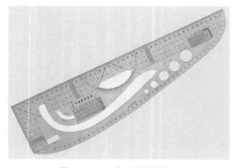

图1-17 多功能裁剪尺

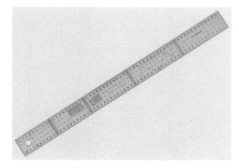

图1-18 放码尺

7. 皮尺

皮尺以英寸（in）和厘米（cm）为单位，通常皮尺的长度60in（约152cm），它主要用于测量人体各个部位的净尺寸，测量具有大轮廓和大弧度的物体或测量纸样上的弧线等尺寸，如图1-19所示。

图1-19　皮尺

（三）绘图笔

铅笔和自动铅笔主要用于绘制纸样，如图1-20、图1-21所示。常使用的铅笔笔芯硬度为HB和2B两种。

图1-20　铅笔　　　　　　　图1-21　自动铅笔

（四）其他制图工具

1. 打孔器

打孔器一般在纸样设计中需要打孔定位时使用，如图1-22所示。

2. 压线轮

压线轮又称滚轮，有两种类型：一种齿轮较短且较不锋利，常用于薄纸拓板；另一种齿轮长且较锋利，一般用于厚纸拓板，如图1-23所示。

3. 锥子

锥子一般用于纸样设计中拓板点的定位，还可以用于皮制品的缝制，可先用锥子穿孔，方便后续的缝制，如图1-24所示。

图1-22　打孔器　　　　图1-23　压线轮　　　　图1-24　锥子

二、缝制工具

在缝制过程中，需要使用各种缝制工具，常用的缝制工具主要有以下几种。

（一）剪刀

在缝制过程中应准备三种类型的剪刀：一种是用于裁剪面料的剪刀（可根据需求选择适合的大小），剪刀的后手柄长度较长，有一定程度的弯曲度，方便裁剪面料，如图1-25所示；另一种是小纱剪，主要用于剪线头和拆线头，要求剪刀刀口锋利，刀尖整齐无缺口，刀刃的咬合无缝隙，如图1-26所示；还有一种是普通的小剪刀，主要用于裁剪纸样和辅料等，如图1-27所示。

图1-25　裁剪面料剪刀　　　　图1-26　小纱剪　　　图1-27　普通小剪刀

（二）针

1. 手缝针

手缝针是指手工缝制所用的钢针，顶端尖锐，尾端有小孔，可穿入缝纫线进行缝制。手缝针主要有常用手缝针、免穿手缝针、多功能手缝针三种类型。

（1）常用手缝针。常用手缝针（图1-28）用途广泛，根据手缝针的长、短、粗、细可分为多种型号，型号越小，针越长越粗；型号越大，针越短越细，如表1-1所示。

表1-1　常用手缝针的型号及用途　　　　　　　　　　单位：mm

型号	1	2	3	4	5	6	7	8	9	10
直径	0.96	0.86	0.78	0.78	0.71	0.71	0.61	0.61	0.56	0.56
线	粗线		中粗线				细线			
用途	缝制较厚、较硬的面料，可用来纳鞋底		缝制厚呢料、厚衣物锁纽眼、钉纽扣		缝制中等厚度的面料以及成品锁纽眼、钉纽扣		缝制薄的面料以及成品锁纽眼、钉纽扣		缝制轻薄的绸缎类面料	

（2）免穿手缝针。免穿手缝针与普通手缝针用途相同，不过免穿手缝针穿针更加方便、快捷，方便老年人使用，如图1-29所示。

（3）多功能手缝针。

①地毯针、帆针、麻袋针。有弧度，呈C形，根据长度的不同可分为多种型号，型号越大，

弧度越大，适用于缝制有弧度且较厚的材质，如图 1-30 所示。

图 1-28　常用手缝针　　　　图 1-29　免穿手缝针　　　　图 1-30　地毯针、帆针、麻袋针

②皮革针。皮革针的针尖为三角形，根据针身的长、短、粗细可分为多种型号，型号越小，针越长越粗；型号越大，针越短越细，适用于缝制比较厚韧的皮革、裘皮等，如图 1-31 所示。

③串珠针。串珠针较长且很细，有一定的弹性，能够一定程度地弯曲，用于穿各种类型的珠子、珠片等，如图 1-32 所示。

④十字绣针。十字绣针较硬，适用于十字绣等手缝工艺，如图 1-33 所示。

图 1-31　皮革针

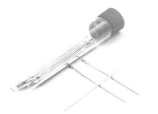

图 1-32　串珠针　　　　　图 1-33　十字绣针

2. 车缝针

工业缝纫机一般使用圆针，针号越大针越粗，不同类型的面料要使用对应型号的车缝针，型号越小，适用于的面料越薄；型号越大，适用于的面料越厚，如图 1-34 所示。家用缝纫机以机种来选择圆针或扁针，不同的面料也要使用对应型号的车缝针，如图 1-35 所示。

图 1-34　工业缝纫机针　　　　图 1-35　家用缝纫机针

表 1-2 为常用车缝针型号与面料的关系。

表 1-2　常用车缝针型号与面料的关系

型号	9	11	14	16	18	19	20	21
线	细线	中粗线		粗线				
面料	薄型面料 （如真丝面料）	中薄型面料 （如衬衫面料）	中厚型面料 （如风衣面料）	厚型面料 （如牛仔面料）	加厚型面料 （如加棉面料）			

3. 大头针、珠针

大头针可以在面料裁剪时用于临时固定面料和纸板，从而使裁剪时更加精准，也可以在缝制面料的时候用来暂时固定面料，使其在缝制过程中不易脱落，也可使缝制过程中的定位点更为准确。大头针还可以在立体裁剪和试穿修改时使用，由于针身较细，所以拔出后不易在面料上留下较大针孔痕迹，如图 1-36 所示。珠针与大头针的用途相同，不同的是珠针顶端有一颗珠子，针身较粗，使用时会比大头针更加明显，如图 1-37 所示。

图 1-36　大头针

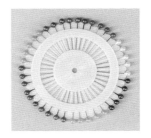

图 1-37　珠针

（三）其他缝制工具

1. 划粉

划粉的主要用途是在面料反面绘制线条、描绘纸样和做标记定位等，划粉的粉痕可以直接用手拍掉或用湿布擦掉，如图 1-38 所示。

2. 褪色笔

褪色笔有气消笔、热溶笔、水消笔三种，主要用处是对样板做定位标记，褪色笔的颜色可以通过熨烫或用水消除掉，如图 1-39 所示。

图 1-38　划粉

图 1-39　褪色笔

3. 针插

针插有手腕针插和戒指针插两种，手腕针插多用在服装的立体裁剪和机缝过程中，如图1-40所示。戒指针插多用在手工缝制过程中，主要方便服装缝制过程中各种类型针的收纳，如图1-41所示。

图1-40　手腕针插　　　　　　　图1-41　戒指针插

4. 镊子

镊子主要是在机缝缝制工艺过程中，部分服装的细节需要借助镊子来完成，如西装领、衬衫领等部位，如图1-42所示。

5. 拆线器

拆线器主要用于缝错后需要拆线的部位，它可以方便快捷地拆掉缝错的位置，如图1-43所示。

6. 顶针

顶针常用于手工缝制，其主要作用是为了防止针扎手，用来保护手指，图1-44为两种类型的顶针。

（a）戒指顶针　（b）指尖顶针

图1-42　镊子　　　　　　图1-43　拆线器　　　　　图1-44　顶针

7. 螺丝刀

螺丝刀主要用于机缝过程中缝纫机小障碍的调试、更换压脚、调试梭壳等，如图1-45所示。

8. 穿带器

穿带器主要用于穿松紧带、束口绳、棉绳等，如图1-46所示。

9. 穿针器

穿针器主要作用是辅助操作者快速穿针，如图 1-47 所示。

图 1-45　螺丝刀　　　　　　图 1-46　穿带器　　　　　图 1-47　穿针器

三、熨烫工具

服装在缝制的过程中和缝制完成后都需要熨烫，常用的熨烫工具有以下几种。

1. 烫台

常用的烫台主要分为家用折叠烫台、简易包布烫台和吸风烫台。烫台一般需要配合熨斗使用。家用折叠烫台（图 1-48）一般长 125cm，宽 31cm，其主要由折叠脚架、烫垫和熨斗架三部分组成，能够轻松熨烫上衣衣领、肩部、前襟、背部和裤子等部位。简易包布烫台一般选用一个平台桌面，在桌面上垫上具有吸湿性的烫垫，再将表面包上一层白坯布，主要是家用或临时需要简易烫台时所用。吸风烫台（图 1-49）的主要作用是吸风抽湿、冷却定型，一般应用在教学设备或工业生产中。在熨烫过程中，通过脚踏吸风台下面的踏板将蒸汽吸走，也可使衣片更加平服。一般吸风烫台上都有单臂和双臂两种，主要用于熨烫袖子、衣领、裤子等部位。

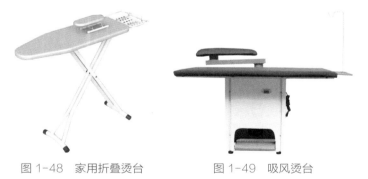

图 1-48　家用折叠烫台　　　　图 1-49　吸风烫台

2. 熨斗

熨斗是熨烫工艺的主要工具之一，常用的熨斗有家用电熨斗和蒸汽熨斗两种。在服装的缝制过程中所涉及的熨烫工艺都是由熨斗完成的。一般家用电熨斗（图 1-50）适用于轻薄型面料的熨烫，可根据面料的耐热度来调节温度，熨斗前端可以根据需求调节蒸汽和喷水大小。蒸汽熨斗

（图1-51）常用于工业生产，适用于熨烫薄型、厚型等多种厚度的面料。蒸汽熨斗需通过蒸汽发生器供水，配合着吸风烫台一起使用。

图1-50　家用电熨斗

图1-51　蒸汽熨斗

3. 烫凳

烫凳呈哑铃状，常用于领圈缝、肩缝、袖窿缝、裤裆缝等呈弧形部位的熨烫。一般底座为铁凳或木凳，可以在中间加上边角面料或者旧棉花，外层用白坯布包住，如图1-52所示。

4. 布馒头

布馒头与烫凳的作用相似，多用于胸部、腰部、臀部等省道的熨烫，也可用于弧线的归缩和拔开。具体做法是先用白坯布做一个布馒头的外层，留出一个小口，将边角面料或旧棉花塞进布馒头内，调整适宜熨烫的弧度即可，如图1-53所示。

图1-52　烫凳

图1-53　布馒头

5. 烫马凳

烫马凳是用于熨烫腰头、裤袋、前胸等不宜平烫部位的辅助工具，如图1-54所示。

6. 烫袖凳

烫袖凳用于熨烫肩部、袖子、裤腿等狭窄部位，如图1-55所示。

7. 烫布

烫布是指在熨烫过程中垫在衣片与熨斗之间的一块白坯布，它的主要作用是在熨烫过程中避免熨斗滴水把面料弄脏，还防止熨斗温度过高，把衣片表面烫出亮光或烫焦衣片，如图1-56所示。

图 1-54　烫马凳

图 1-55　烫袖凳

8. 喷水壶

喷水壶一般选用可以喷雾状的，主要用在熨烫之前需要喷水的部位，这样能够使熨烫部位更加平服，如图 1-57 所示。

图 1-56　烫布

图 1-57　喷水壶

四、缝纫设备

常用的缝纫设备主要有以下几种。

1. 家用缝纫机

家用缝纫机通常使用多功能电动家用缝纫机，这种缝纫机易于操作并且具备多种功能，可以进行包边缝、锁扣眼、钉纽扣、简易锁边、装饰线迹等多种操作，如图 1-58 所示。

2. 工业缝纫机

工业缝纫机又称平缝机，是工业生产中最基本的缝纫设备之一，工业缝纫机在缝制过程中操作简便，可用于各种面料的缝合。工业缝纫机也是大部分高校服装工艺课程的缝制教学设备，如图 1-59 所示。

3. 包缝机

包缝机又称拷边机，其主要功能是防止服装的缝头毛边，如图 1-60 所示。

4. 绷缝机

绷缝机缝制的线迹为链式缝纫线迹，该线迹通常用于针织服装的滚领、褶边、绷缝、拼接缝、饰边等部位，如图 1-61 所示。

图 1-58　家用缝纫机

图 1-59　工业缝纫机

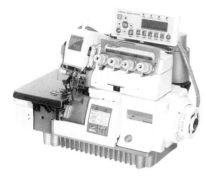

图 1-60　包缝机

图 1-61　绷缝机

5. 撬边机

撬边机又称暗缝机，主要用于下摆、袖口、裤脚等需要撬边的部位，如图 1-62 所示。

6. 钉扣机

钉扣机主要用于完成各类服装的钉纽扣作业，如图 1-63 所示。

图 1-62　撬边机

图 1-63　钉扣机

7. 锁眼机

锁眼机有平头锁眼机和圆头锁眼机两种。平头锁眼机通常用于薄型、中薄型、针织等各类面料的纽眼缝制。圆头锁眼机通常用于中厚型面料的纽眼缝制，锁纽眼主要是防止面料纱线脱落，同时也具备装饰作用。设备都具有切刀系统，一般是先锁眼后开刀，如图1-64所示。

8. 绣花机

绣花机主要用于平面滑行绣花，也可以做一些特定工艺的绣花，如贴绣、填充立体绣等，如图1-65所示。

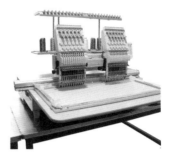

图1-64　锁眼机　　　　　　　　　　图1-65　绣花机

9. 裁剪台

裁剪台是专用于服装设计与服装裁剪的桌子，通常用于绘图、制板、裁剪面料和辅料等，如图1-66所示。

图1-66　裁剪台

10. CAD 打印机

CAD打印机主要用于CAD样板打印，其主要分为可切割型和不可切割型两种。设备可根据电脑绘制好的样板直接打印在CAD绘图纸上，不同机型的打印机用纸和打印门幅规格都有所不同，可根据需求自行选择，如图1-67所示。

11. 人台

人台一般有白色和黑色两种，通常使用标准人台，人台也可根据具体需求定制。主要用于服装立体裁剪、服装成品展示以及缝制过程中对服装进行整理等，如图1-68所示。

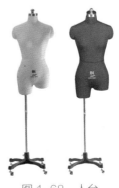

图1-67　CAD 打印机　　　　　　　图1-68　人台

第二节　服装材料

服装的色彩、服装的款式和服装的材料是构成服装的三要素。服装材料主要由服装面料和服装辅料组成，服装面料是指构成服装的主要材料，即服装主料。在构成服装的材料中，服装主料以外的均为服装辅料。服装面料需要根据服装款式进行选择，一般可分为棉麻织物、毛织物以及丝织物等，服装面料的选择也直接影响着服装的外观和风格。服装辅料需要搭配服装面料进行选择，服装辅料主要包括里料、衬料、垫料、缝纫线、纽扣等，服装辅料的选择也直接影响着服装的细节与品质。

服装材料是服装的基础，是人们选购服装的重要因素。服装设计离不开服装材料，而服装同时也是服装材料的最终产物。因此，服装专业人员必须学习和正确掌握服装材料的相关知识。

一、服装面料

服装面料是指构成服装的主要材料，体现服装主体特征的面料，通常占服装成本的 30% 以上。服装面料直接影响服装的外观、风格、功能、性能等。服装面料根据成分可分为棉麻织物、毛织物、丝织物、化纤织物以及其他面料等。

1. 棉麻织物

棉织物是指以棉纱、线为原料的机织物，是各类棉纺织品的总称，棉织物的品类非常丰富，主要用于制作时装、休闲装、内衣和衬衫等。棉织物的优点是易于保暖，柔软贴身，吸湿性、透气性较好；缺点是易缩、易皱、不太美观，且在穿着前需要熨烫。

麻织物是以黄麻、苎麻、夏麻、亚麻、罗布麻等各种麻类植物纤维制成的一种织物，通常用于制作休闲装、工作装以及普通的夏装。麻织物的优点是强度极高，具有良好的吸湿性、透气性和导热性；缺点是面料质感粗糙、生硬，穿着舒适性差。图 1-69 为棉麻织物的具体分类。

2. 丝织物

丝织物种类繁多，可用于制作各类服装，尤其适用于女装。丝织物的优点是柔软丝滑、色彩绚丽、富贵华丽、透气性好、穿着舒适；缺点是容易起皱、容易吸身、弹力差、容易褪色。图 1-70 为丝织物的具体分类。

3. 毛织物

毛织物又称为"呢绒"，是指以各种类型的动物毛为原料与其他纤维混纺的纺织品，通常适用于高档服装，如礼服、西装、大衣等。毛织物的优点是抗皱和耐磨，柔软而挺括，有良好的保暖性和柔韧性；缺点是洗涤比较困难。图 1-71 为毛织物的具体分类。

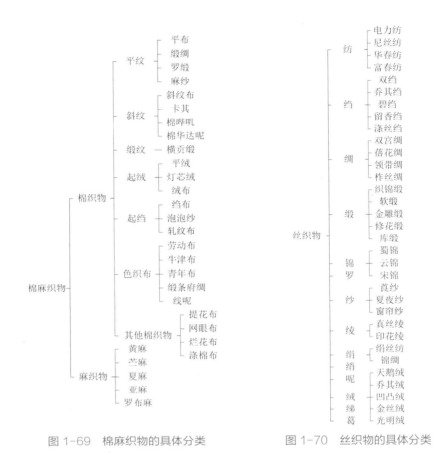

图 1-69　棉麻织物的具体分类　　　　图 1-70　丝织物的具体分类

4. 毛皮面料

毛皮面料主要是指动物毛皮经过鞣制而成的面料，通常用于制作时装和冬季服装。毛皮面料有貂皮、狐狸皮、羊皮、鼠皮、兔皮等，其优点是轻盈保暖，优雅华贵；缺点是价格比较昂贵，且对毛皮的储藏和护理要求较高。图 1-72 为毛皮面料的具体分类。

5. 化纤织物

化纤织物又称化学纤维，它是由高分子化合物制成的纤维纺织品，主要包括人工纤维与合成纤维两大类。化纤织物的优点是色彩鲜艳、质地柔软；缺点是耐磨性、耐热性、吸湿性、透气性均较差，加热容易变形，并且容易产生静电。图 1-73 为化纤织物的具体分类。

6. 其他服装面料

图 1-74 为常见的其他服装面料。

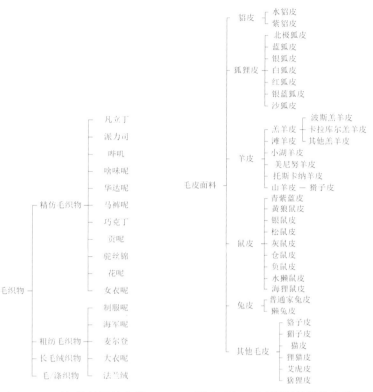

图 1-71　毛织物的具体分类　　图 1-72　毛皮面料的具体分类

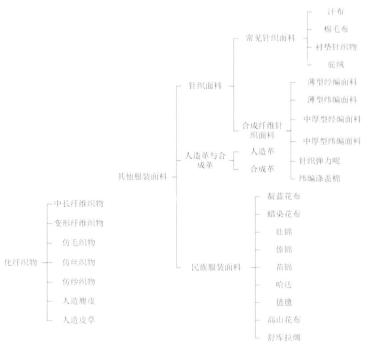

图 1-73　化纤织物的具体分类　　图 1-74　常见的其他服装面料

二、服装辅料

服装辅料是指在服装缝制过程中，服装面料之外的服装材料的通用名称。服装辅料对服装的整体起着不可缺少的作用，也就是说服装不能没有辅料。设计师在设计服装时必须考虑服装的整体，对于服装的辅料使用一定要熟悉，并且要了解各种辅料的性能和使用后的效果，这也是对服装设计师专业素质的要求。服装辅料包括基本辅料、标签和包装材料等。服装辅料的种类繁多，如里料、胆料、衬垫材料、绳线、花边等。材质多种多样，有金属、木质、羽毛、贝壳、石材、骨质、橡胶、塑料、泡沫制品等。常见的服装辅料类型如图1-75所示。

（a）纽扣　　　　　　　　（b）织带　　　　　　　　（c）拉链

图1-75　常见的服装辅料类型

三、服装面料正反面的识别

1. 印花面料

印花面料可分为直接印花、防染印花和拔染印花，三种印花均是正面印花图案清晰，且色彩鲜艳，反面印花图案略模糊，色彩暗淡。有些印花面料反面基本无色或仅有正面渗透过来的一些模糊图形，如图1-76所示。

2. 斜纹面料

斜纹面料主要分为纱织物（如斜纹布、纱卡其）和线织物（如华达呢、单面线卡、双面线卡）两种。纱织物的正面斜纹纹路明显、清晰，织物表面的纹向是一撩为正面。线织物的正反面的纹路都比较明显，正面纹向为一撇、反面为一捺。在毛呢衣料和丝绸衣料中，正面撇斜和捺斜的都有，识别时以纹路清晰的为正面。纱织物种类的斜纹面料如图1-77所示。

3. 毛呢面料

毛呢面料多为双幅衣料，折向里面的为正面，折向外面的为反面。有些毛呢衣料在边缘织有花纹或文字，则花纹、文字清晰而光洁为正面，字形呈反写且花纹、文字模糊的为反面，如图1-78所示。

图 1-76　真丝印花面料

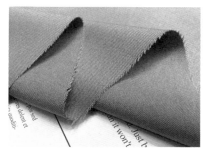
图 1-77　纱织物种类的斜纹面料

4. 缎纹面料

缎纹面料主要分为经面缎纹和纬面缎纹。经面缎纹的正面，经纱浮出较多，纬面缎纹的正面，纬纱浮出较多。缎纹织物的正面都有比较平整、紧密的缎纹状，且富有光泽，反面的织纹模糊，且无光泽，如图 1-79 所示。

图 1-78　毛呢面料

图 1-79　缎纹面料

5. 起绒面料

一般用于缝制外衣的起绒面料，如长毛绒、灯芯绒、平绒、骆驼绒等，均以有绒毛的一面为正面，如图 1-80 所示。而缝制内衣的起绒面料则相反，一般以无绒毛一面为正面，有绒毛的一面为反面，使之朝里贴身。

6. 梭织面料

在梭织面料中，长度方向与布边平行的方向称为经线，亦称直丝缕。衣料的门幅宽度方向称纬线，亦称横丝缕。在经纬线之间称为斜线，亦称斜丝缕。

以上为通过织物的组织结构来判断服装面料的正反面，但在实际生产中，需要根据特定要求进行标识和使用。

（1）根据设计要求选择需要的一面作为正面，通常选择织物表面洁净、织路清晰、光泽柔和的一面为正面。

（2）根据面料特性选择需要的一面作为正面：

①凹凸类面料（图1-80），正面紧密细腻，凹凸清晰，而反面较粗糙；

②起绒类面料，一般都以起绒的一面为正面（图1-81），如果双面起绒的面料，则选用外观效果较好的一面为正面；

图1-80　凹凸类面料　　　　　　　　图1-81　起绒类面料

③涂层织物，一般有颜色的一面为正面；

④有图案的面料，选择图案和花型清晰的一面为正面。

（3）经验判断：通常图案清晰、色彩鲜艳、瑕疵较少、布边光洁且针眼下凹的一面为织物的正面。

第三节　服装缝制工艺名词术语

本书中使用的名词术语，部分摘录自《服装术语》（GB/T 15557—2008）中有关服装制图及缝制工艺的术语和符号，并根据近年来服装工业的发展所出现的一些新的术语作部分增补。

本节主要介绍常用服装制图符号、常用服装制图代号和常用服装术语等内容。

一、常用服装制图符号

在纸样设计中，若文字描述缺乏准确性和标准性，也不满足简单易懂和效率高的要求，那么制图符号的应用就能够解决文字理解差异所造成的误解。

常用的服装制图符号如表1-3所列。

表1-3　常用服装制图符号

序号	名称	符号	解释说明
1	粗实线	——————	绘制结构图时表示结构线和外轮廓线
2	细实线	————	绘制结构图时表示基础线或辅助线
3	虚线	··········	表示背面的轮廓线或辅助线
4	点划线	·—·—·—	表示裁片连折不裁开
5	双点划线	·⸱—·⸱—	表示裁片的折边部位，线条的宽度与细实线相同
6	等分线	·····—·····	表示裁片某部位按照线段等分

序号	名称	符号	解释说明
7	等量	●□△∅☆	表示相邻裁片中两段距离相等，符号可自行设计
8	等距		表示不相邻裁片的两个部位的长度相等
9	直角		表示两条线垂直相交90°
10	距离线		表示裁片中某部位两点之间的距离
11	丝缕线		表示裁片在排料时所取的丝缕方向
12	拼合		表示裁片中需要对准拼合的部分
13	缩缝		表示裁片某部位需要缩缝处理
14	省略		表示长度较长，而绘制结构图时无法画出的部分
15	剪切		表示结构图中需要剪切、扩充、补正
16	省道		表示裁片某部位需要缝制省道
17	刀眼		表示裁剪时在缝份上作对位记号
18	归拢		表示裁片某部位经熨烫后归拢、缩短
19	拔开		表示裁片某布纹经熨烫后拔开、伸长
20	重叠		表示某部位相关衣片交叉重叠
21	内工字褶		表示一左一右向内折等量折裥
22	外工字褶		表示一左一右向外折等量折裥
23	单折		表示向左或向右折一个折裥
24	双折		表示向同方向折两个折裥
25	扣眼		表示扣眼位置符号
26	纽扣	⊗	表示钉纽扣的位置
27	缉明线		表示某部位需要缉明线
28	对格		表示裁片需要对准格纹
29	对条		表示裁片需要对准条纹
30	螺纹		表示裁片某部位需要缝制螺纹

序号	名称	符号	解释说明
31	净样线		表示裁片尺寸为净样，不加缝份
32	毛样线		表示裁片尺寸为毛样，加缝份
33	顺向		表示裁片面料为顺向毛向，箭头方向与毛向相同
34	正面		表示裁片面料为正面
35	反面		表示裁片面料为反面

二、常用服装制图代号

为了使绘制结构图表面清晰，我们常用制图代号来代替服装部位。所谓制图代号即取该服装部位的英文名称的首位字母。

常用的服装制图代号如表 1-4 所列。

表 1-4　常用服装制图代号

序号	名称	英文	代号
1	胸围	Bust	B
2	腰围	Waist	W
3	臀围	Hip	H
4	中臀围	Middle Hip	MH
5	胸围线	Bust Line	BL
6	腰围线	Waist Line	WL
7	臀围线	Hip Line	HL
8	中臀围线	Middle Hip Line	MHL
9	衣长	Coat Length	CL
10	背长	Neck-Waist Length	NWL
11	前长	Front Length	FL
12	后长	Back Length	BL
13	前胸宽	Front Width	FW
14	后背宽	Back Width	BW
15	胸高点	Bust Point	BP
16	胸宽	Point Width	PW
17	胸围	Bust TOP	BT
18	裙长	Skirt Length	SL
19	裤长	Trousers Length	TL

续表

序号	名称	英文	代号
20	裤裆	Trousers Rise	TR
21	前裆	Front Rise	FR
22	后裆	Back Rise	BR
23	股上	Body Rise	BR
24	股下	Inside Length	IL
25	内线长	Inside Line Length	ISL
26	外线长	Outside Line Length	OSL
27	腿围	Thigh Size	TS
28	膝线	Knee Line	KL
29	脚口	Slacks Bottom	SB
30	头围	Head Size	HS
31	头长	Head Line	HL
32	颈围	Neck Size	NS
33	颈点	Neck Point	NP
34	前颈点	Front Neck Point	FNP
35	侧颈点	Side Neck Point	SNP
36	后颈点	Back Neck Point	BNP
37	后颈圈	Back Neck	BN
38	前颈圈	Front Neck	FN
39	领围	Neck	N
40	领孔	Neck Hole	NH
41	领座	Stand Collar	SC
42	领高	Neck Rib	NR
43	颈长	Neck Length	NL
44	领长	Collar Point Length	CRL
45	领尖宽	Collar Point Width	CPW
46	肩宽	Shoulder Width	SW
47	肩斜度	Shoulder Slope	SS
48	肩点	Shoulder Point	SP
49	腋深	Axilla Depth	AD
50	前腋深	Front Depth	FD
51	后腋深	Back Depth	BD
52	袖长	Sleeve	S
53	袖窿	Arm Hole	AH

序号	名称	英文	代号
54	袖窿深	Arm Hole Line	AHL
55	袖山	Sleeve Top	ST
56	袖宽	Biceps Circumference	BC
57	袖口	Cuff Width	CW
58	肘长	Elbow Length	EL
59	肘围	Arm Size	AS
60	手头围	Fist Size	FS
61	手掌围	Palm Size	PS

三、常用服装术语

（一）基本概念

1. 服装设计

服装设计包括三个部分：服装款式设计、服装结构设计和服装工艺设计。其中，服装款式设计主要是用款式图表现出设计构思；服装结构设计主要考虑如何合理地实现款式设计的构思，并将其转化为服装结构图形；服装工艺设计的重点在于根据服装结构图，设计合理可行的成衣制作工艺，并制定相应的质量标准。

2. 平面结构设计

平面结构设计即平面剪裁，俗称"平裁"，如图 1-82 所示。在绘图纸或面料上，采用一定的计算公式、制图规则及结构设计原理，将选定的服装款式分解成平面结构图，是最常用的结构设计方法。平面结构尺寸较为固定，比例分配相对合理，操作性强，便于初学者掌握与运用，适用于立体形

图 1-82　平面结构设计

态简单、款式固定的服装。平面结构设计方法可分为比例法、分配法、定寸法、胸度式分解法、D 式结构分解法、原型结构分解法、基本样板结构分解法和综合结构分解法等。

3. 立体结构设计

立体结构设计即立体裁剪，通常称为"立裁"。设计师根据设计构思，将布料（如白坯布）覆盖在人台上，并使用大头针、剪刀等工具，通过收省、打褶、起皱、剪切等方法直接在人台上

展现服装造型，如图 1-83 所示。

4. 款式设计图

款式设计图是反映服装款式造型的平面图。绘制款式设计图是服装专业人员必须掌握的基本技能，目前一般采用电脑绘图的形式表现，如图 1-84 所示。

图.1-83　立体结构设计（林艺涵制作）

图 1-84　款式设计图

5. 服装效果图

服装效果图是通过绘画表现服装效果的形式，主要分为彩色效果图和黑白效果图。设计师可以通过手绘和电脑绘制两种形式表现。图 1-85 为电脑绘制彩色效果图。

图 1-85　电脑绘制彩色效果图

6. 服装结构图

服装结构图是指对服装结构进行分析计算，在纸张上绘制出服装结构线，服装结构图可以作为资料存档使用，一般在技术交流时，多采用 1 : 5 的比例，而制作样板时，则采用 1 : 1 的比例，如图 1-86 所示。

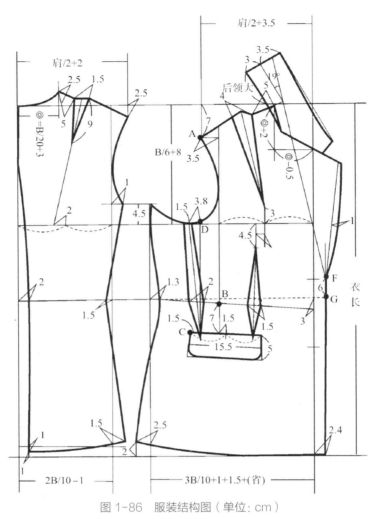

图 1-86　服装结构图（单位：cm）

7. 服装样板

服装样板又称服装纸样，是指为了制作样衣而制定的结构版型，广义上是指为制作服装而剪裁好的结构设计纸样。样板又分为净样板和毛样板，净样板是指不包括缝份的样板；毛样板是指包括缝份和其他小裁片的全套样板。

8. 服装推板

服装工业样板是在结构设计的母板基础上，按照号型的要求进行放大或缩小，制作而成的系列服装样板。该制作过程被称为"推板"或"放码"，如图 1-87 所示。

9. 服装排料图

服装排料图是指将样板按照一定的丝缕方向、条格对位和图案对位等要求，依次按顺序排列到布坯上。排料图的目的是能够将整个面料的排布更合理、更省料。在排料时有工业排料图及单件制作排料图之分，图 1-88 为服装排料图。

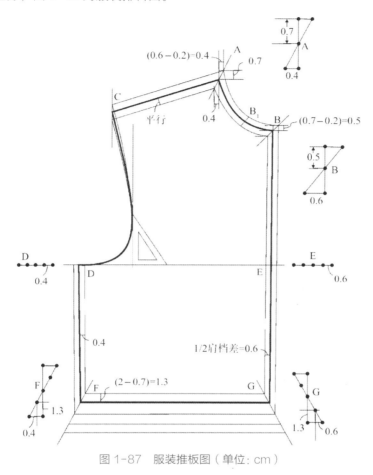

图 1-87　服装推板图（单位：cm）

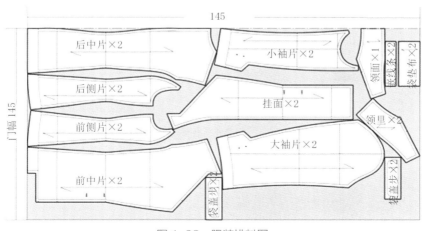

图 1-88　服装排料图

10. 服装工艺单

工艺单是指导服装企业生产的重要技术文件之一，它规定某一具体服装款式的工艺要求和技术指标，如图 1-89 所示。

主　题	时间停顿 - 08			HD20SS-SH10301 HD20SS-SH10401
色　彩	PANTONE 11-0602 TP　　PANTONE 19-0508 TP			
面　料	双绉　18mm	辅　料	隐形拉链	
				款　号

图 1-89　服装工艺单

（二）服装专业术语

服装专业术语是服装行业中不可缺少的专业语言，服装的每一个裁片、部件、画线等都有自己的名称。目前我国各地服装界使用的服装用语大致有三种来源：第一种是民间服装界的一些俗称，如领子、袖子、劈势、翘势等；第二种是外来语，主要是来自英语和日语的译音，如克夫、塔克、育克等；第三种是借鉴其他工程技术用语，如轮廓线、结构线、结构图等。

常用服装专业名词术语如表1-5所列。

表1-5 常用服装专业名词术语

序号	名词	解释说明
1	搭门	亦称叠门，指上衣前身开襟处两片叠在一起的部分。钉纽扣的一边称为里襟，另一边称为门襟
2	撇门	亦称劈胸、劈门，指上衣前片领口处搭门需要撇去的多余部分
3	撇势	亦称劈势，指裁剪线与基本线的距离，即将多余的边角撇去
4	翘势	亦称起翘，指服装裁片的底边、袖口、袖窿、裤腰等与基本线（横向）的距离
5	窝势	指服装裁片上结构线朝里弯曲的走势
6	胖势	亦称凸势，指服装应凸出的部分胖出，使之圆润、饱满，如上衣的胸部、裤子的臀部等，都需要有适当的胖势
7	胁势	亦称吸势、凹势，指服装应凹进的部分吸进，如西装上衣腰围处、裤子后裆以下的大腿根部位等，都需要有适当的胁势
8	吃势	亦称层势，吃指缝合时使衣片缩短，吃势指缩短的程度
9	止口	指上衣前门襟的边沿线
10	挂面	亦称过面，指上衣门、里襟反面的比门襟宽的贴边
11	覆肩	亦称过肩，指覆在男式衬衫（或其他的服装款式）肩上的双层布料
12	缝份	亦称作缝、缝头，指布边线与缝制线之间的距离
13	驳头	指门、里襟上部随领子一起向外翻折的部位
14	驳口	指驳头里侧与衣领翻折部位的总称
15	摆缝	指缝合前后衣身的缝子
16	省道	指为适合人体的需要或服装造型的需要，在服装的裁片上有规律地将一部分衣料（省去）缝去，做出衣片的曲面状态，被缝去的部分就是服装省道
17	裥	指为适合体形及服装造型的需要，而将一部分衣料折叠缝制或熨烫而成，由裥面和裥底组成。按折叠的方式不同可以分为：左右相对折叠，两边呈活口状态的阳裥左右相对折叠，中间呈活口状态的阴裥；向同一方向折叠的为顺裥
18	褶	指为适合人体的需要或服装造型的需要，在服装的裁片上将部分衣料缩缝
19	衩	指为了服装的穿脱行走方便或服装造型的需要而设置的一种开口形式。位于不同的部位有不同的名称，如位于袖口部位的开衩称为袖开衩
20	塔克	指将面料折成连口后缉细缝，起装饰作用。来源于英文"tuck"的译音
21	开刀	亦称分割，指将面料裁剪开后又缝合。常见的有"丁"字分割、弧线分割、直线分割等
22	克夫	指缝于袖口处的部位，来源于英文"cuff"的译音
23	爬领	指外领没有盖住领脚的现象
24	平驳领	指一般西装领，驳头稍向下倾斜，领角一般小于驳角
25	枪驳领	指西装领的一种，驳头尖角向上翘，驳角与领角基本并拢
26	对刀	指眼刀记号与眼刀相对，或者眼刀与缝子相对

序号	名词	解释说明
27	裆弧线	指裤子的前、后裆弧线。裤子的前裆弧线又叫前浪线，后裆弧线又叫后浪线。一般后裆弧线比前裆弧线略长
28	育克	指前衣片胸部拼接的部分，源于英文"yoke"的译音
29	覆势	指后衣片背部拼接的部分，一般与育克通用
30	登闩	亦称登边，指夹克下边沿边的镶边部分
31	里外匀	亦称里外容，指由于部件或部位的外层松、里层紧而形成的窝服形态，其缝制加工的过程称为里外匀工艺，如勾缝盖、驳头、领等部件，都需要里外匀工艺
32	起壳	指面料与衬料不贴合，出现剥离、起泡现象，即里外层不相融
33	极光	指熨烫时裁片或成衣下面的垫布太硬或无垫布盖烫而产生的亮光
34	绱	亦称装，指部件安装在主件上的缝合过程，如绱领、绱袖、绱腰头，安装辅件也称为绱或装，如绱拉链、绱松紧带等

常用服装专业裁剪工艺名词术语如表 1-6 所列。

表 1-6　常用服装专业裁剪工艺名词术语

序号	名词	解释说明
1	烫原料	熨烫原料皱褶
2	排料	制定出用料定额
3	铺料	按画样要求铺料
4	表层画样	用样板按不同规格在原料上画出衣片裁剪线条
5	复查画样	复查表层画出衣片的数量和质量
6	开剪	按画样线条用裁剪工具裁片
7	钻眼	用裁剪工具在裁片上做出缝制标记，标记应做在可缝去的部位上，否则会影响产品美观
8	打粉印	用划粉在裁片上做出缝制标记，一般作为暂时标记
9	编号	将裁好的各种衣片按顺序编好号码
10	查裁片刀口	检查裁片刀口的质量
11	配零料	配齐一件衣服的零部件材料
12	钉标签	将有顺序号的标签钉在衣片上
13	验片	检查裁片质量和数量
14	织补	修补裁片中可修复的织疵
15	换片	调换不符合质量的裁片
16	分片	将裁片按序号配齐或按部件的种类配齐
17	冲领角薄膜衬	用模具冲剪领角薄膜衬
18	衣坯	未做任何加工的衣片
19	段耗	指面料经过铺料后断料所产生的损耗
20	裁耗	铺料后面料在画样开裁中所产生的损耗
21	成衣面料制成率	制成衣服的面料质量与投料质量之比

常用服装专业缝制工艺名词术语如表1-7所列。

表1-7　常用服装专业缝制工艺名词术语

序号	名词	解释说明
1	刷花	在裁剪绣花部位上印刷花印
2	修片	按标准样板修剪毛坯片
3	画绗棉线	防寒服制作时在布料上画出绗棉间隔标记
4	画扣眼位	按衣服长度和造型要求画准扣眼位置
5	点纽位	用铅笔或划粉点准纽扣位置
6	刮浆	在需要用刮浆的位置上把浆刮均匀，以增加该部位的挺度，便于缝合
7	塑型	人为地把衣料加工成所需要的形态
8	打套结	开衣衩口用手工或机器打套结
9	打线钉	用白棉纱线在裁片上做出缝制标记
10	纳驳头	亦称扎驳头，由手工或机器扎
11	盘花纽	用缲好的纽襻条，按一定花形盘成纽扣
12	钉纽襻	将纽襻钉在门里襟位置上
13	钉纽	将纽扣钉在纽位上
14	缲袖衩	将袖衩边与袖口贴边缲牢固定
15	缲领钩	将底领领钩开口处用手工缲牢
16	缲袖窿	将袖窿里布固定于袖窿上，然后将袖子里布固定在袖窿里布上
17	缲底边	将底边与大身缲牢，有明缲与暗缲两种方法
18	缲纽襻	将纽襻边折光缲缝
19	滚扣眼	用滚扣眼的布料把扣眼毛边包光
20	锁扣眼	将扣眼用粗丝线锁光
21	剪省缝	将毛呢服装上因缝制后的厚度影响服装外观的省缝剪开
22	环省缝	将毛呢服装剪开的省缝，用纱线做环行针法绕缝，以防纱线散脱
23	缉省缝	将省缝折合用机器缉缝
24	做插笔口	在小袋上口做插笔开口
25	滚袋口	用滚条包光毛边袋口
26	开口袋	将已缉嵌线的口袋中间部分剪开
27	封袋口	袋口两头机缉倒回针封口
28	拼耳朵皮	将大衣挂面上端形状如耳朵的部分进行拼接
29	合止口	将衣片和挂面在门里襟止口处机缉缝合
30	修剔止口	将缉好的止口毛边剪窄，一般有修双边和单修一边两种方法
31	扳止口	将止口毛边与前身衬布用斜形手工针迹扳牢
32	擦止口	在翻出的止口上，手工或机扎一道临时固定线
33	缉袋嵌线	将嵌料缉在开口袋线两侧
34	合背缝	将背缝机缉缝合
35	封背衣衩	将背衣衩上端封结

序号	名词	解释说明
36	倒钩袖窿	沿袖窿用倒钩针法缝扎，使袖窿牢固
37	叠肩缝	将肩缝份与衬布扎牢
38	倒扎领窝	沿领窝用倒钩针法缝扎
39	合领衬	在领衬拼缝处机缉缝合
40	拼领里	在领里拼缝处机缉缝合
41	擦底边	将底边扣烫后扎一道临时固定线
42	叠领串口	将领串口缝与绱领缝扎牢，注意使串口缝保持齐直
43	包领面	将西装、大衣领面外口包转，用三角针与领里绷牢
44	扎袖里缝	将袖子面、里缉缝对齐扎牢
45	收袖山	抽缩袖山上手工线迹或机缝线迹，收缩袖山
46	滚袖窿	用滚条将袖窿毛边包光，增加袖窿的牢度和挺度
47	扎暗门襟	暗门襟扣眼之间用暗针缝牢
48	滚挂面	挂面里口毛边用滚条包光，滚边宽度一般为 4cm 左右
49	做袋片	将袋片毛边扣转，缲上里布做光
50	翻小襻	小襻的面、里料缝合后将正面翻出
51	镶边	用镶边料按一定宽度和形状安装在衣片边缘上
52	镶嵌线	用嵌线料镶在衣片上
53	缉明线	机缉或手工缉缝服装表面线迹
54	缉衬	机缉前衣身衬布
55	封袖衩	在袖衩上端的里侧机缉缝牢
56	绗棉	按绗棉标记机缉或手工绗线，将填充材料与衬里布固定
57	翻门襟	门襟缉好将正面翻出
58	封小裆	将小裆开口机缉或手工封口
59	花绷十字缝	裤裆十字缝分开绷牢
60	包缝	用包缝线迹将布边固定，使纱线不易脱散
61	针迹	缝针刺穿缝料时在缝料上形成的针眼
62	线迹	缝制物上两个相邻针眼之间的缝缉线
63	缝迹	互相连接的线迹
64	缝型	一定数量的布片和缝制过程中的配置形式
65	手针工艺	应用手针缝合衣料的各种工艺形式
66	装饰手针工艺	兼有功能性和艺术性，并以艺术性为主的手针工艺
67	夹翻领	将翻领夹进领底面、里布内机缉缝合
68	绱领子	将领子安装在领窝处
69	绱袖襻	将袖襻装在袖口以上部位
70	绱帽檐	将帽檐缉在帽前面的止口部位
71	绱帽	将帽子装在领窝上

序号	名词	解释说明
72	绱袖衩条	将袖衩条装在袖衩位上
73	绱拉链	将拉链装在门里襟、侧缝等部位
74	绱松紧带	将松紧带装在袖口底边等部位
75	绱腰头	将腰头安装在裤腰上
76	绱串带襻	将串带襻安装在裤腰上
77	绱门襟	将门襟安装在衣片门襟上
78	绱里襟	将里襟安装在裤片上
79	绱大裤底	将裤底装在后裆十字缝上
80	绱贴脚条	将贴脚条装在裤脚口里侧边沿
81	推门	将平面衣片，经归拔等工艺手段烫成立体形态衣片
82	覆衬	将前衣片覆在胸衬上，使衣片与衬布贴合一致，且衣片布纹处于平衡
83	敷止口牵条	将牵条布用手工操作熨斗黏压在止口部位
84	敷驳口牵条	将牵条布用手工操作熨斗黏压在驳口部位
85	覆挂面	将挂面覆在前衣片止口部位
86	敷袖窿牵条	将牵条黏合在袖窿处
87	敷背衣衩牵条	将牵条布缝在背衣衩边沿部位
88	覆领面	将领面覆在领里，使领面、领里配合好，领角处的领面要宽松些
89	钩后裆缝	在后裆缝弯处，用粗线做倒钩针缝
90	叠卷脚	将裤脚翻边在侧缝下裆缝处缝牢
91	抽碎褶	用缝线抽缩成不定型的细褶
92	叠顺裥	缝叠成同一方向上的裥
93	黏翻领	领衬与领面的三角沿口用糨糊黏合
94	领角薄膜定位	将领角薄膜在领衬上定位
95	做垫肩	用布和棉花、中空纤维等做成衣服垫肩
96	装垫肩	将垫肩安装在袖窿肩头部位
97	烫省缝	将省缝坐倒或分开熨烫
98	烫衬	熨烫缉好的胸衬，使之形成人体胸部形态，与推门后的前衣片相吻合
99	归拔后背	将平面的后衣片按体型归拔烫，使其符合人体后背立体形态
100	扣烫底边	将底边折光或折转熨烫
101	擦底边	将底边扣烫后扎一道临时固定线
102	归拔领里	将附上衬布的领里归拔熨烫成符合人体颈部的形态
103	分烫上领缝	将绱领缉缝分开，熨烫后修剪
104	分烫领串口	将领串口缉缝分开熨烫
105	归拔偏袖	偏袖部位归拔熨烫成人体手臂的弯曲形态
106	坐烫里子缝	将里布缉缝坐倒熨烫
107	热缩领面	将领面进行防缩熨烫

序号	名词	解释说明
108	压领角	上领翻出后，将领角进行热定型
109	拔裆	将平面裤片归拔成符合人体臀部下肢形态的立体裤片
110	扣烫裤底	将裤底外口毛边折转熨烫
111	扣烫脚口贴边	将裤脚口贴边扣转熨烫
112	定型	根据面、辅料的特性，给予外加因素，使衣料形态具有一定的稳定性

常用服装专业检验工艺名词术语如表1-8所列。

表1-8　常用服装专业检验工艺名词术语

序号	名词	解释说明
1	验色差	检查原、辅料色泽级差，按色泽归类
2	查疵点	检查原、辅料疵点
3	查污渍	检查原、辅料污渍
4	分幅宽	原、辅料按门幅宽窄归类
5	查衬布色泽	检查衬布色泽，按色泽归类
6	查纬斜	检查原、辅料纬纱斜度
7	复码	检查原、辅料每匹长度
8	理化试验	包括原辅料的伸缩率、耐热度、色牢度等试验

除了以上服装专业名词术语外，其他服装专业标准中涉及更多的名词术语，表1-9提供了4个服装专业标准文件供读者学习。

表1-9　服装专业标准文件

序号	名词	标准内容
1	FZ/T 80004—2014	服装成品出厂检验规则
2	FZ/T 80007.1—2006	使用黏合衬服装剥离强力测试方法
3	FZ/T 80007.2—2006	使用黏合衬服装耐水洗测试方法
4	FZ/T 80007.3—2006	使用黏合衬服装耐干洗测试方法

第二章
服装缝制与熨烫工艺

在服装缝制过程中，除了学习服装缝制的基础知识以外，熟练地掌握手缝工艺、机缝工艺、手工熨烫工艺，有助于顺利地进行服装成品的缝制。

在缝纫机发明之前，服装都是由手工缝制完成的。现如今，不论是批量生产的服装，还是高级定制的服装，手缝工艺都是不可缺少的，中国的传统旗袍在缝制的过程中，滚边和盘扣等缝制工艺都需要手缝工艺完成。18世纪中叶工业革命开始后，纺织工业的大生产促进了缝纫机的发明和发展。此后，服装的缝制大部分由机缝工艺来完成。因此，熟练地掌握机缝基础工艺对学习服装缝制有着非常重要的作用。除此之外，熨烫工艺也是服装缝制工艺的一个重要工序，服装缝制过程中常以"三分做、七分烫"来强调熨烫在缝制工艺中的重要性。尤其是对于服装品质有较高要求时，熨烫则更为重要。本章具体介绍了基础手缝工艺、基础机缝工艺和手工熨烫工艺的基本方法以及操作方法。

第一节　基础手缝工艺

手缝工艺，就是指用手缝针进行缝制的工艺过程。手缝工艺可根据服装用途的不同分为常用手缝工艺和装饰手缝工艺。基础手缝工艺包括打线结、平缝、细缝、假缝、打线丁、回针、扳针、纳针、锁边针、缲针等多种工艺。装饰手缝工艺包括打线结串针、螺旋针、竹节针、绕针、链条针、山形针、十字针等多种工艺。熟练地掌握基础手缝工艺是服装专业人员必须具备的专业技能。

一、常用手缝工艺

根据《服装术语》（GB/T 15557—2008）中的总结，归纳出以下几种常见的手缝工艺及操作方法。

1. 打线结

打线结一般分为起线结和止线结，在基础的手缝工艺开始缝制之前都需要打一个线结，这个线结称之为起线结。在缝制结束之后也需要打一个线结，这个线结称之为止线结。为了成品服装的美观，在缝制过程中线结都藏于单片面料的反面或者双片面料的夹层之间。以下为两种线结的具体操作方法。

（1）起线结。右手拿针和缝线，左手拇指和食指捏住线头，将线沿着左手食指绕一圈，并将线头绕进线圈内，接着将线圈向线头处捋下，最后再拉紧线圈，就形成了起线结，如图2-1所示。

（2）止线结。在缝制到最后一针后，左手拇指和食指捏住 3cm 左右的缝线，绕缝线打一个线圈，右手将针穿进线圈内，把针从线圈另一头抽出，接着将线圈向止针处捋，最后左手食指按住线圈，右手拉紧线圈，就形成了止线结，如图 2-2 所示。

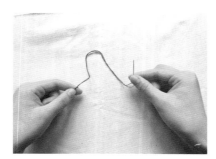
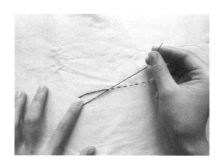

图 2-1　起线结实操图　　　　　　　图 2-2　止线结实操图

2. 平缝

平缝是最基础、最简单的手缝工艺，它是一种从上到下、从右到左等距离运针的针法。这种针法适用于服装缝制的各个部位，要求针距线路排列整齐，针迹上下距离均匀，面料表面平整。

平缝的具体操作方法如下。右手拿针和缝线，左手拇指和食指捏住衣片，另外三指将衣片夹住，右手缝好第一针之后，再继续从上到下、从左到右等距离缝制。这种针法一般会连续缝五六针再拔针，针距为 0.3～0.4cm，如图 2-3 所示。

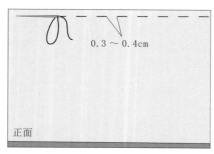
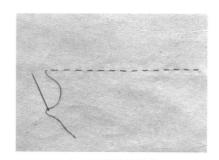

（a）平缝针法示意图　　　　　　　（b）平缝针法实操图

图 2-3　平缝

3. 细缝

细缝的缝制工艺与平缝相似，也是一种从上到下、从右到左等距离运针的针法。这种针法常用于归拢袖山弧线和抽碎褶，要求针距线路排列整齐，针迹上下距离均匀且密，面料表面平整。

细缝的具体操作方法如下。细缝与平缝的操作方法相似，区别在于细缝的针距排列较密，一般针距在 0.2～0.3cm，如图 2-4 所示。

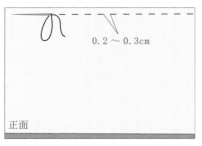 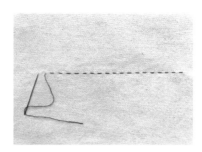

（a）细缝针法示意图　　　　　　　　（b）细缝针法实操图

图2-4　细缝

4. 假缝

假缝也称为疏缝，假缝与平缝缝制工艺相似，也是一种从上到下、从右到左等距离运针的针法。通常用于衣片在正式缝制前临时固定缝份、贴边或门襟等部位，以方便进行后续的缝制工作，缝制完成后可拆除假缝线迹，以下为假缝针的具体操作方法。

假缝与平缝的操作方法相似，不同的是假缝的针距较大，通常需要缝一针拔一针，一般每一针的长度在4~5cm。如图2-5所示。

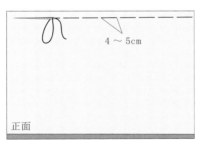 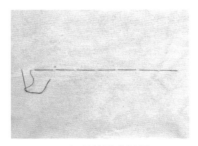

（a）假缝针法示意图　　　　　　　　（b）假缝针法实操图

图2-5　假缝

5. 打线丁

打线丁的作用是为了使服装各个部位缝制得更加精准。一般用在丝织物、毛织物等不宜使用划粉来做标记的面料上，主要用于省道、腰节、袋位、贴边等部位。为了使线丁不容易脱落，一般会选用较粗的棉线来缝制。以下为打线丁的具体操作方法。

先将需要打线丁的部位用假缝工艺缝制，每一针的长度在4~5cm，缝制过后将正面浮线从中间位置剪断，如图2-6（a）②所示。掀开上层面料后，用剪刀的尖部将线挑开0.3cm，并将其剪断，如图2-6（a）③所示。最后再将浮于衣片上的线头修剪成约0.2cm，使线丁留在衣片上即可。

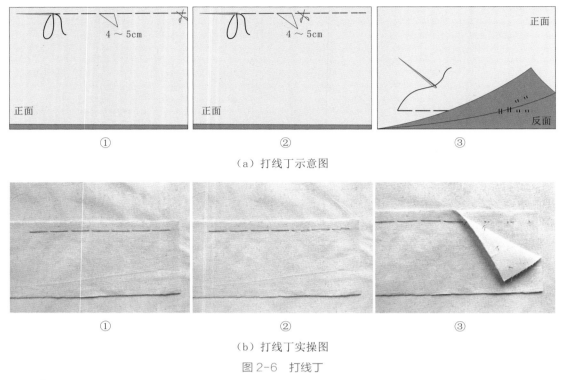

（a）打线丁示意图

①　　　　　　　　　　②　　　　　　　　　　③

（b）打线丁实操图

图2-6　打线丁

6. 回针

回针也称为钓针，主要有顺回针和倒回针两种，区别在于回针的方向不同。顺回针常用于高档毛料裤子的后裆缝及下裆线的上段，主要起到加固缝制牢度的作用。倒回针用于上装的袖窿弯边或领口的缝份部位，主要是减少斜丝部位在正式缝制过程中被拉伸。以下为两种回针的具体操作方法。

（1）顺回针。顺回针的起针与其他缝制工艺相同，起针过后向左缝制一针拔出针，然后将拔出的针从前一针的出针处向后半针距离再入下一针，每一针的长度在0.4cm左右，循环以上步骤即可完成顺回针缝制，如图2-7所示。

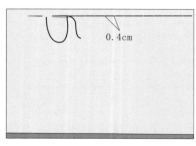

（a）顺回针示意图

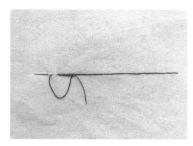

（b）顺回针实操图

图2-7　顺回针

（2）倒回针。倒回针的起针与其他缝制工艺相同，起针过后向右缝制一针拔出针，然后将拔出的针从前一针的出针处向后半针距离再入下一针，每一针的长度在0.4cm左右，循环以上步骤即可完成倒回针缝制，如图2-8所示。

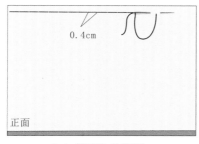
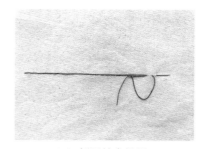

（a）倒回针示意图　　　　　　　　　（b）倒回针实操图

图2-8　倒回针

7. 纳针

纳针也称为八字针，面料表面线迹斜向平行，间距均匀相等，两行线迹呈"八"字形，通常用于两层或多层面料缝制牢固，如高档服装纳驳头、领里、挺胸衬等部位。在缝制过程中注意保持同行线迹排列斜向相同，长度一致，针距均匀，松紧适中。

纳针的具体操作方法如下。左手捏住面料，右手拿住针和缝线，起针后将针一上一下、自左向右运针，第一行与第二行的运针斜向方向相反，循环以上操作即可完成纳针缝制，如图2-9所示。

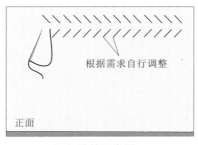
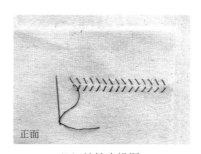

（a）纳针示意图　　　　　　　　　（b）纳针实操图

图2-9　纳针

8. 锁边针

锁边针也称为环针，主要应用于高档服装面料边缘的锁边，防止边缘纱线散开。目前很多服装中也将此工艺用于装饰作用，应用于领口、下摆、口袋等部位，要求针距均匀整齐，松紧一致。

锁边针的具体操作方法如下。左手捏住面料，右手拿住针和缝线，从距离衣片边缘约0.5cm宽处起针。将缝针从上层面料的反面刺向正面，拉出针线后，再将针线向左绕一圈，缝针再从上层面料正面刺入，从下层面料正面拉出，顺势穿入刚绕的线圈中，最后再拉紧线圈，针距为

0.3~0.5cm，循环以上操作缝制整个衣片边缘，如图2-10所示。

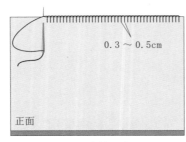 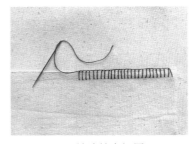

（a）锁边针示意图　　　　　　　　　（b）锁边针实操图

图2-10　锁边针

9. 缲针

缲针也称为缭针，有明缲针和暗缲针两种针法，缲针多用于缝制服装下摆的贴边、袖衩、袖口、里料等部位，主要起到固定作用。以下为两种缲针的具体操作方法。

（1）明缲针。先将面料向反面方向扣烫0.5cm，再向内扣烫4cm。左手捏住面料，右手拿住针和缝针，起针线结藏于面料夹缝之间，然后一上一下、自右向左斜向运针，针距一般为0.3~0.5cm，要求正面针迹呈连续星点状，反面针迹呈斜向平行，如图2-11所示。

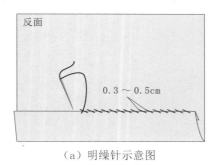

（a）明缲针示意图　　　　　　　　　（b）明缲针实操图

图2-11　明缲针

（2）暗缲针。先将面料向反面方向扣烫0.5cm，折边先用机缝固定，再向内扣烫折边量。左手捏住面料，右手拿住针和缝线，起针线结藏于面料夹缝之间，然后一上一下、自右向左斜向运针，针距一般为0.5~0.7cm，循环以上操作就完成了暗缲针缝制。在缝制过程中，针可以直接挑起机缝线进行缝制，避免在缝制过后留下明显的针迹。要求正面针迹呈连续星点状，反面无明显针迹，如图2-12所示。

10. 三角针

三角针主要用于固定服装贴边，如裙摆、裤口、袖口、领口等贴边部位。一般衣片正面不露针迹、缝线松紧适中、平整美观。

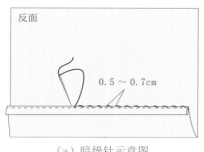

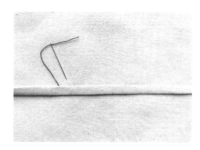

| （a）暗缲针示意图 | （b）暗缲针实操图 |

图 2-12　暗缲针

三角针的具体操作方法如下。在开始缝制之前，先将面料向反面扣烫 0.5cm，再向上折边 4cm 烫好。左手捏住面料，右手拿住针和缝线，起针线结藏于面料夹缝之间，如图 2-13 所示，缝针从 1 处穿出，再按照图示 1—2—3—4—5 的顺序依次缝制，针距一般为 0.8cm，循环操作即可完成三角针，要求三角针的反面针迹呈交叉三角形，正面无明显针迹。

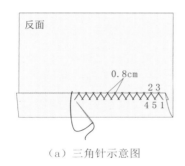

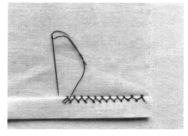

| （a）三角针示意图 | （b）三角针实操图 |

图 2-13　三角针

11. 锁纽眼

锁纽眼与锁边针的缝制工艺相同，锁边针一般缝制单边衣片，锁纽眼是缝制剪开的纽眼。纽眼主要分为平头纽眼和圆头纽眼两种类型，在缝制工艺上也稍有不同，一般单薄的服装锁平头纽眼，带夹里的服装锁圆头纽眼。以下为两种锁纽眼的具体的操作方法。

（1）锁平头纽眼。先将扣眼位置定好，一般纽眼长度是纽扣直径加 0.2cm 左右，在剪开扣眼之前先在纽眼两边缝制两条与纽眼平行的线，使锁好的纽眼边缘更加牢固。如图 2-14 所示，起针时缝针从纽眼的夹层中刺入，线结留在夹缝之间，按照锁边针的缝制工艺循环往复。缝制到纽眼的另一端时，锁边针的方向呈放射状，继续缝制到尾端后，再从尾端到首端来回缝制两条平行线，从中间将缝线拉到反面打线结封住纽眼。

（2）锁圆头纽眼。圆头纽眼与平头纽眼的区别在于纽眼的一端是圆形。先将扣眼位置定好，一般纽眼长度是纽扣直径加 0.2cm 左右，如图 2-15 所示，剪出纽眼的形状，边角处修剪顺滑，再按照锁平头纽眼的步骤依次将纽眼锁住。在锁纽眼的缝制过程中，在圆头处也沿着纽眼的形状锁放射状针迹。

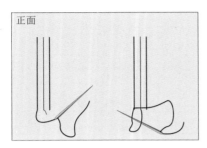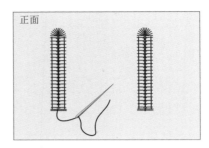

（a）锁平头纽眼示意图

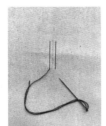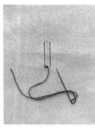

（b）锁平头纽眼实操图

图2-14　锁平头纽眼

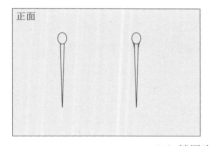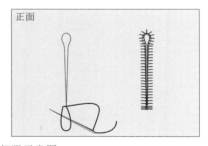

（a）锁圆头纽眼示意图

（b）锁圆头纽眼实操图

图2-15　锁圆头纽眼

12. 拉线襻

拉线襻主要应用于服装里布与面布的连接，常用于风衣、外衣、裙装等下摆处的缝制，一般会选用与里料、面料颜色相近的粗棉线缝制。

拉线襻的具体操作方法如下。先将里料和面料的下摆分别向面料的反面扣烫，在面料贴边处起针，将起针线结藏于缝份内，然后按照图 2-16 所示中①—②—③—④步骤循环操作形成线襻。线襻达到所需的长度时，准备收针，将针线穿过最后一个线圈且拉紧，缝线再次穿进反面面料的夹层之间打线结，即可完成拉线襻的缝制。

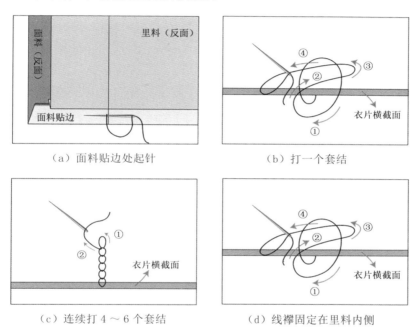

（a）面料贴边处起针　　　　　　　　　　（b）打一个套结

（c）连续打 4 ~ 6 个套结　　　　　　　　（d）线襻固定在里料内侧

图 2-16　拉线襻

13. 打套结

打套结的缝制工艺与编织工艺相似，一般用于固定服装下摆开衩、袋口等部位，有时为了增加服装的艺术效果，也可以用来装饰局部细节。

打套结的具体操作方法如下。以下摆的开衩部位为例，首先将起针线结藏于面料缝份的夹缝之间，然后第一针从衣片 A 的反面刺入面料，再从衣片 B 对称的点入针，循环缝制四次，接下来用针线将刚才缝制的四条平行线迹来回挑缝并固定，形成排列整齐、牢固美观的线结，最后将针线刺入面料反面拉紧打止线结，如图 2-17 所示。

14. 钉纽扣

服装中出现的纽扣有两种作用，一种是实用型纽扣，另一种是装饰型纽扣。在钉纽扣的过程中，一般实用型纽扣需要留出一定的松量做扣脚，扣脚的作用是使纽扣扣上时更加平整服帖。装饰型纽扣则不需要留出松量做扣脚，反之在缝制时可以适当拉紧缝线。纽扣主要分为两孔扣和四孔扣，在缝线的选用上，除了特殊设计的，一般会选用与扣子颜色相近的粗棉线。如图 2-18 所示为各类纽扣的缝制形式。

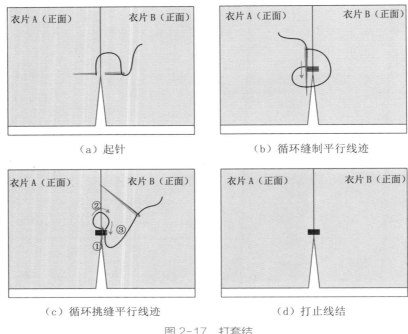

（a）起针　　　　　　　　　　（b）循环缝制平行线迹

（c）循环挑缝平行线迹　　　　　（d）打止线结

图 2-17　打套结

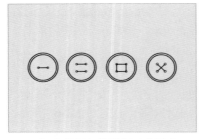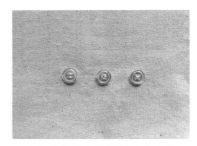

（a）各类纽扣的缝制工艺示意　　　　（b）各类纽扣的缝制工艺实操

图 2-18　各类纽扣的缝制形式

四孔扣的交叉缝制工艺的操作方法如下。首先在衣片正面标记出钉纽扣的位置，起针后将线结藏于纽扣下面，将针线穿入纽扣孔，然后从对角的另一个纽扣孔穿入，再重新刺入面料，留出一定的松量做扣脚。循环以上操作 3~4 次后，将针线从纽扣孔拉出来回绕纽扣与面料之间留下的松量即形成扣脚。最后将针线刺入面料挑出，拉紧缝线将线结藏于纽扣与面料之间，如图 2-19 所示。

15. 制包扣

制包扣就是选用与服装颜色、图案相近的面料包裹在纽扣的外面，主要应用于高级服装中。

制包扣的具体操作方法如下。首先裁剪一块圆形的与服装同色的包扣面料，直径为纽扣的两倍，沿着包扣面料边缘 0.3cm 处平缝缝制一圈。将需要包扣的纽扣放到面料中间位置，左手按住纽扣，右手拉紧针线，一直拉到面料把扣子整个包住后抽紧缝线打线结固定。最后根据需求将制作好的包扣缝制到服装上，如图 2-20 所示。

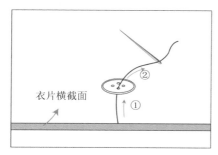

（a）针线传入纽扣孔

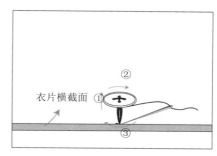

（b）反复缝制固定纽扣

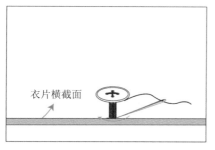

（c）针线反复回绕纽扣形成扣脚

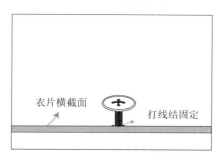

（d）打线结固定

图 2-19　钉纽扣

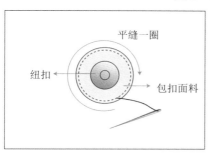

（a）平缝一圈包扣面料

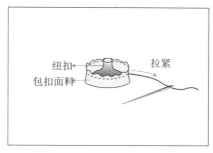

（b）纽扣放到中心，拉紧包扣面料

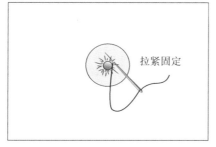

（c）拉紧包扣面料固定

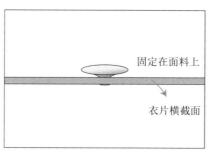

（d）包扣固定在面料上

图 2-20　制包扣

16. 钉揿扣

揿扣有按扣和子母扣两种，揿扣与普通纽扣不同，它是由阳嵌和阴嵌两部分组成。常用于皮草服装中。

钉揿扣的具体操作方法如下。将面料平铺在平台上，在面料上标记需要缝制揿扣的位置，左手拿住揿扣，右手拿住针和缝线，起针后将线结藏于揿扣与面料之间。然后将针线穿过揿扣孔之后再一上一下挑起面料，循环以上操作3~4次。另外三个揿扣孔按照相同步骤缝制完成，最后将线结藏于揿扣与面料之间，如图2-21所示。

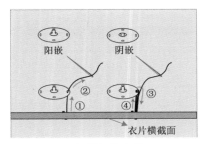

（a）钉揿扣的步骤　　　　　　（b）钉揿扣的前后对比

图2-21　钉揿扣

二、装饰手缝工艺

服装的缝制工艺除了常用的手缝工艺之外，装饰手缝工艺也是必不可少的。以下为几种装饰手缝工艺的具体操作方法。

1. 串针

串针一般采用两种颜色的缝制线完成，多用于服装的局部细节装饰，如门襟、领口、下摆、口袋、裤袋、裤口等部位。

串针的具体操作方法如下。起针后将起线结藏于面料反面，先采用平缝针在面料上缝制一条均匀平整的线迹，针距为0.3~0.4cm。然后拿出另一种颜色的缝纫线按照图2-22（a）所示①—②—③—④—⑤—⑥的顺序左右来回穿过之前缝制好的线迹。要求针迹均匀统一，整齐平整，如图2-22所示。

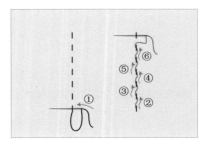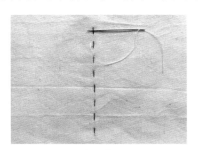

（a）串针示意图　　　　　　（b）串针实操图

图2-22　串针

2. 螺旋针

螺旋针一般用于服装的装饰图案中花卉的枝干或需要装饰的局部细节。

螺旋针的具体操作方法如下。起针后将起针结藏于面料反面，针线从反面穿到正面，然后针线向左绕一圈之后并自上而下挑起面料穿过线圈，拉缝线形成线结，最后向前运针。按照相同针距循环以上操作就完成了螺旋针的缝制，如图 2-23 所示。

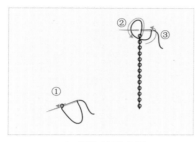

（a）螺旋针示意图 　　　　　　　　（b）螺旋针实操图

图 2-23　螺旋针

3. 竹节针

竹节针一般用于贴绣图案轮廓线或需要装饰的局部细节。

竹节针的具体操作方法如下。起针后将起针结藏于面料反面，针线从反面穿到正面，针线向左绕一圈之后并自上而下挑起面料穿过线圈，再拉缝线形成线结，然后每隔相同针距循环以上操作，就可缝制成一条像竹节一样的线，如图 2-24 所示。

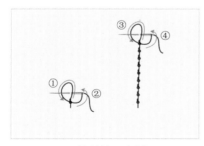

（a）竹节针示意图 　　　　　　　　（b）竹节针实操图

图 2-24　竹节针

4. 绕针

绕线一般用于服装的局部细节装饰，如门襟、领口、下摆、口袋、裤袋、裤口等部位。

绕针的具体操作方法如下。绕针和串针的缝制工艺相似，区别在于绕针之前采用回针缝制一条针迹，然后用另一根针线按照图 2-25（a）所示①—②—③—④的顺序来回绕线，这样就完成绕针的缝制，如图 2-25 所示。

5. 叶瓣针

叶瓣针呈锯齿状，多用于服装的装饰花边。

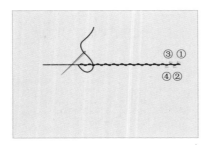

（a）绕针示意图

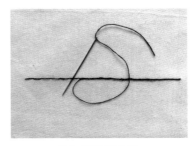

（b）绕针实操图

图 2-25　绕针

叶瓣针与螺旋针的缝制工艺相似，都是缝制连环式的套结，不同之处是叶瓣针的运针轨迹呈三角形，如图 2-26 所示。

（a）叶瓣针示意图

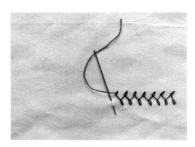

（b）叶瓣针实操图

图 2-26　叶瓣针

6. 链条针

链条针多用于服装局部、图案边缘的锁边装饰等。

链条针的具体操作方法如下。起针后将起线结藏于面料反面，先采用平缝针在面料上缝制一条均匀平整的线迹，然后自上到下来回穿过平缝线迹就完成了链条针的缝制，如图 2-27 所示。

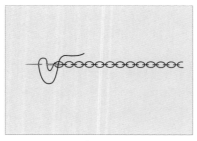

（a）链条针示意图

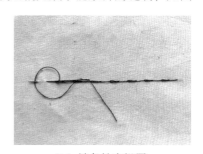

（b）链条针实操图

图 2-27　链条针

7. 穿环针

穿环针多用于服装局部、图案边缘的锁边装饰，如领口、裤口、袖口等部位。

穿环针与链条针的缝制工艺相似，不同的是穿环针先采用回形针缝制出一均匀平整的线迹，如图 2-28 所示。

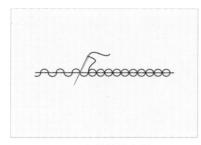

（a）穿环针示意图　　　　（b）穿环针实操图

图 2-28　穿环针

8. 山形针

山形针的线迹呈三角状，一般多用于装饰服装边缘等。

山形针的具体操作方法如下。起针后将起针结藏于面料反面，针线从面料反面穿向正面，在起针处缝制回针，针线从反面转进回针线迹的中点处，再斜向运针向右挑起面料，如图 2-29 所示，按照图示①自左向右运针缝制，再按照图示②自左向右回半针缝制到针迹的中点，循环以上操作，上下交替缝制，即完成山形针。

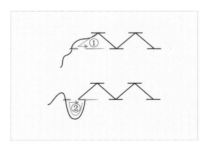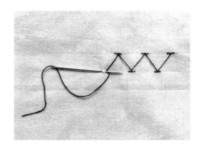

（a）山形针示意图　　　　（b）山形针实操图

图 2-29　山形针

9. 十字针

十字针也称为十字绣，一般用于缝制装饰图案等。

十字针的具体操作方法如下。起针后将起针结藏于面料反面，针线从面料反面穿入正面①处，再向左斜 45° 运针并垂直向下②处挑起面料，从③处拉出针线后，再向右斜 45° 运针并向上挑起面料，从③处拉出针线。循环以上操作即可完成十字针，如图 2-30 所示。

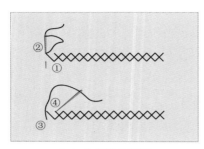
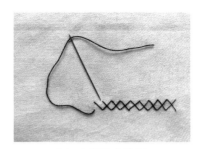

（a）十字针示意图　　　　　　　（b）十字针实操图

图 2-30　十字针

10. 打籽绣

打籽绣针迹由各个大小的针结组成，也可以结合其他缝制工艺一起缝制，多用于缝制服装中花蕊或点状图案等。以下为打籽绣的具体操作方法。

起针后将针结藏于面料反面，针线从面料反面穿入正面，缝线在手缝针上反复绕线圈，再将手缝针穿入，拉紧线圈形成线结之后，将针线穿入面料就形成了打籽绣。循环以上操作，按照图案均匀排列针迹即可，如图 2-31 所示。

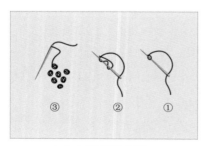
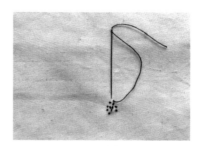

（a）打籽绣示意图　　　　　　　（b）打籽绣实操图

图 2-31　打籽绣

11. 锁绣针

锁绣针的针迹像连续套环，多用于时装设计中的面料装饰等。以下为锁绣针具体操作方法。

锁绣针运针方向一般自右向左，起针后将起针结藏于面料反面，将针线从面料反面穿入正面，再将针线向左绕圈，针线从第一针的针眼向下挑出面料并压住线圈，拉出针线后就完成了锁针绣，如图 2-32 所示。

12. 羽毛针

羽毛针的针迹呈放射状，一般可在服装中特定的图案中运用。以下为羽毛针的具体操作方法。

先将面料表面用褪色笔画出羽毛针的外轮廓，然后选择羽毛的末端开始缝制，如图 2-33 所示，起针后将起针结藏于面料反面，针线从①处穿出，再从②入针挑起面料从③处穿出，拉紧针线后再沿着图案的中心对称线向前平缝一针，依次按照以上步骤即可缝制完成羽毛针。

（a）锁绣针示意图

（b）锁绣针实操图

图2-32　锁绣针

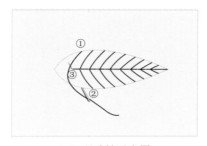

（a）羽毛针示意图

（b）羽毛针实操图

图2-33　羽毛针

第二节　基础机缝

机缝工艺是指通过机器加工缝制的工艺过程。随着纺织服装行业的迅速发展，机缝工艺早已成为服装工业化生产的主要缝制工艺。在实际操作机缝工艺之前，需要做好机缝前的准备，例如安装机针、绕底线、穿缝纫线、调整梭芯和梭壳等前期准备工作。再进行空车踏机练习、膝控压脚练习、缉布练习等基础操作练习。

基础机缝工艺主要分为常见机缝工艺和特殊机缝工艺。常见机缝工艺包括平缝、分缉缝、坐缉缝、来去缝、漏落缝和卷边缝等。特殊机缝工艺包括滚边、缉花、带襻缝和褶裥的缝制等。本节内容中操作示范缝纫设备主要以工业平缝机为主。

一、机缝前的准备

在开始机缝工艺之前，需要做以下几点准备工作。

1.安装机针

在装机针前首先需要关闭电源，转动上轮将针杆上升到最高位置，用小螺丝刀旋松装针螺丝，机针的长槽朝向缝纫机的左侧，然后把针柄插入装针孔内，机针插到顶部再装机针螺丝旋紧即可（图2-34）。

2. 绕底线

首先准备与缝纫机相匹配的梭芯，将缝纫线按照如图2-35所示把缝纫线拉出，再将缝纫线绕在梭芯上，然后把梭芯固定器向梭芯方向拨动，压脚提杆向上扳，按照匀速踩脚踏板开始绕线。绕线完成后，绕线器卡扣自动弹开结束绕线。

图2-34　安装机针　　　　　　　　图2-35　绕底线

3. 穿缝纫线

在穿线前应将机针置于最高处，然后将缝纫线从线架上引出，按照图2-36所示①～⑩的顺序穿线即可。注意在穿机针时，缝纫线从机针左侧穿向右侧。

4. 梭芯和梭壳的调节

机缝的过程中，调整合适的梭芯和梭壳是必不可少的，在使用前梭芯需要提前绕线，绕线需要保持松紧适中、平整顺畅。梭壳上的弹簧片的松紧决定着缝制过程中底线的松紧，为了缝制出好看平整的线迹，可以用小螺丝刀来调节弹簧片的松紧。绕好的梭芯需要先安装到梭壳内，缝纫线从梭皮的缝隙进去，再从梭皮的弹簧片下面绕进小孔处出来即可。

5. 引底线

左手将面线拉出一段长度，右手向下转动主线轮，再向上转动主线轮，这时底线就被面线牵引出来，抬起压脚将底线和面线一同拉出，放置在压脚正后方即可。

6. 针距调节

针距的大小主要通过针距调节螺旋钮，螺旋钮上方对应的刻度，调节区间是0～5，如图2-37所示，刻度数字越小针距就越小，刻度数字越大针距就越大。

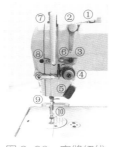
图 2-36　穿缝纫线

图 2-37　针距调节

7. 压脚压力调节

在缝制过程中，不同厚度的面料需要调节压脚的压力。中薄型面料，用螺丝刀拧紧螺丝，将压脚压力调节到最紧；中厚型面料，则用螺丝刀调松螺丝，减小压脚压力，这样使面料能够正常推送。

8. 缝线线迹的调节

缝线线迹主要由底线和面线缝制而成，为了能够缝制出平整美观的线迹，需要先调节底线，底线的调节，可以用小螺丝刀调节梭皮上的螺丝松紧，一般调节到手拉住线头，梭壳能够缓缓下落即可；面线是通过上线夹线器调节松紧，调节时向左转越来越松，向右转越来越紧。一般拉住线头，稍微有一点阻力即可。通过反复尝试，使底线和面线松紧适中、平整美观，即可进行缝制。

二、机缝的基础操作练习

1. 空车踏机练习

空车踏机练习是正式机缝前的必要练习，工业缝纫机有电脑机和非电脑机两种，一般电脑机的缝制转速较慢，更加适合初学者练习。首先选择合适高度的椅子，然后右脚放在踏板上向下用力，机器开始运作。脚踏的力量越大，缝制的速度就越快；脚踏的力气越小，缝制的速度就越慢。反复练习，可以熟练掌握脚力和缝制速度即可。

2. 膝控压脚练习

机器下方右膝盖刚好能碰到压脚控制器，向右推压脚抬起，松开则压脚下落（图 2-38）。反复练习，注意推压压脚控制器时，右脚不要用力，以免缝制过快受伤。

向右推压脚抬起
松开压脚落下
图 2-38　膝控压脚

3. 缉布练习

（1）缉直线。首先准备一块大小合适的白坯布，然后放置在缝纫机台上，检查机针、梭芯、梭壳、底面线、针距等是否调试好，然后将压脚抬起，将提前准备好的白坯布放置在压脚下，下落压脚之后开始缉直线。缉直线要求线迹距离均匀，线条流畅，如图 2-39 所示。

（2）缉弧线。缉弧线与缉直线前期准备工作相同。要求线迹曲线流畅、针距均匀，如图 2-40 所示。

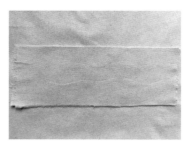

图 2-39　缉直线　　　　　　　　图 2-40　缉弧线

（3）倒回针。在服装缝制过程中，为了加固衣片不易脱线，在缝制开始和缝制结束都需要倒回针。具体操作是先缝制两三针之后按住倒针扳手向下扳，脚踏倒针两三针之后放开倒针扳手即可完成倒回针。

（4）机缝使用注意事项

①机缝操作之前，需要掌握安全用电常识，在缝制开始和结束之前需要检查电源。

②结束缝纫机工作后，需要及时关闭开关，以免出现不必要的事故。

③在安装机针时，一定要切断电源。

④缝制过程中，缝纫机出现不正常的响声，应立即关闭电源，及时停机检查修理。

三、常见机缝工艺

由于服装款式和结构的不同，服装的缝制工艺也有所不同，以下为几种常见的机缝工艺。

1. 平缝

平缝是机缝中最为基础的一种缝制工艺，适用于服装缝制中各个部位的缝合，例如肩缝、袖缝、侧缝等部位。

平缝针的具体操作方法如下。准备好待缝制的衣片 A 和衣片 B 正面相对，保持两衣片边缘重叠对齐，沿着反面缝份开始缝制，缝份一般为 0.8～1.2cm，缝制开始和缝制结束都需要倒回针，以加固缝合衣片不易脱线。为了使线迹更加平整，在缝制时需要注意手法，左手将衣片 A 稍向前推送，右手稍拉紧衣片 B，以保持上下层衣片松紧一致，缝份宽窄一致，缝头长短一致。缝制完成后将缝份分开熨烫，即称为分缝；将缝份倒向一边熨烫，即称为倒缝，如图 2-41 所示。

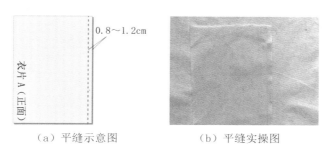

（a）平缝示意图　　　　　（b）平缝实操图

图 2-41　平缝

2. 分缉缝

分缉缝又称为分开缝，一般多用于缝制厚型面料或者装饰线，主要作用是加固衣片缝合和使缝份更加平整美观，应用于裤子的后裆缝、内袖缝等部位的缝合。

分缉缝的具体操作方法如下。先将衣片 A 与衣片 B 正面相对平缝，再将两衣片的缝份分开烫平，最后分别在两边缝份上缉一道距缝份边缘 0.1cm 的明线。线迹要求针距均匀，线条流畅，如图 2-42 所示。

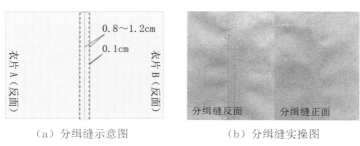

（a）分缉缝示意图　　　　　（b）分缉缝实操图

图 2-42　分缉缝

3. 坐缉缝

坐缉缝又称压倒缝，通常用于育克、裤子侧缝、肩缝、贴袋等部位，起到装饰和加固的作用。

坐缉缝的具体操作方法如下。先将衣片 A 与衣片 B 正面相对平缝，再将两衣片的缝份倒向一侧烫平，最后在缝份上缉一道距缝合线 0.1cm 的明线即可，如图 2-43 所示。

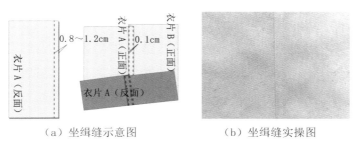

（a）坐缉缝示意图　　　　　（b）坐缉缝实操图

图 2-43　坐缉缝

4. 来去缝

来去缝又称反正缝和筒子缝，其线迹在面料的反面，通常用于女式衬衫肩缝、侧缝、摆缝、裤子袋布等部位。

来去缝的具体操作方法如下。将衣片 A 与衣片 B 反面相对平缝，缝份修剪至 0.6cm。然后将两衣片翻转正面相对沿边缝制 1cm。衣片翻转至正面朝上缝合线不露毛边，如图 2-44 所示。

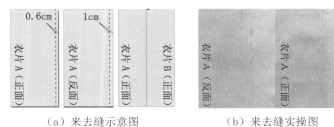

（a）来去缝示意图　　　　　　　（b）来去缝实操图

图 2-44　来去缝

5. 漏落缝

漏落缝又称灌缝，其缝制工艺多用于装腰、装袖克夫和嵌线开袋等部位。

漏落缝的具体操作方法如下。先将衣片 A 与衣片 B 正面相对平缝，再将两衣片缝份分开烫平后衣片正面朝上，按照要求将衣片如图 2-45 所示向下翻折熨烫好，最后在衣片 A 正面距缝合线 0.1cm 处缉一道明线即可。

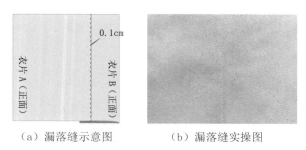

（a）漏落缝示意图　　　　　　　（b）漏落缝实操图

图 2-45　漏落缝

6. 卷边缝

卷边缝常用于衬衫、裤子等下摆的缝制。以下为卷边缝的具体操作方法。

先将衣片 A 反面朝上，将衣片 A 朝反面翻折 0.5cm 烫平，之后再向衣片 A 反面翻折烫平，最后沿折边缘 0.1cm 处缉一道明线，如图 2-46 所示。

7. 夹缝

夹缝又称塞缝，通常多用于装裤腰、裙腰等部位。以下为夹缝的具体操作方法。

（a）卷边缝示意图　　　　　　（b）卷边缝实操图

图 2-46　卷边缝

先准备好衣片 B 两边翻折 1cm 烫平，再将衣片 B 中心对称烫好，之后把衣片 A 正面朝上夹在熨烫好的衣片 B 夹缝处，如图 2-47 所示，可先用大头针先别好，起到临时固定的作用，最后沿衣片 B 边缘缉一道 0.1cm 明线。

（a）夹缝示意图　　　　　　（b）夹缝实操图

图 2-47　夹缝

8. 搭接缝

搭接缝又称搭缝，多用于衬布拼接或面料的临时拼接，此缝制工艺不需要熨烫。以下为搭接缝的具体操作方法。

先将待缝制的衣片 A 与衣片 B 正面朝上，再将两衣片平行相搭 1cm，衣片 A 放置上层，然后沿衣片 A 缝份边缘 0.7cm 处缝制一道线即可，如图 2-48 所示。

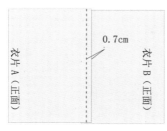

（a）搭接缝示意图　　　　　　（b）搭接缝实操图

图 2-48　搭接缝

9. 双包缝

双包缝又称握手缝，其分为外包缝和内包缝两种缝制工艺。外包缝多用于装饰男式衬衫、夹克衫；内包缝多用于休闲装的缝制工艺。以下为双包缝的具体操作方法。

（1）外包缝。先将衣片 A 与衣片 B 反面相对，衣片 A 平行向左移 1cm，衣片露出的 1cm 缝份向上翻折包住衣片 A，沿包边缘 0.1cm 缉一道线。再将衣片 A 向右翻折，使衣片 A 正面朝上。最后在缝份处缉两条明线，宽度一般为 0.5cm，如图 2-49 所示。

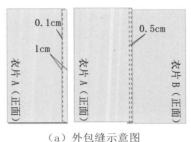

（a）外包缝示意图　　　　　　　（b）外包缝实操图

图 2-49　外包缝

（2）内包缝。内包缝的缝制工艺与外包缝相似，前面按照外包缝的操作方法进行缝制，与外包缝不同的是内包缝在最后一步只需缉一道线即可，如图 2-50 所示。

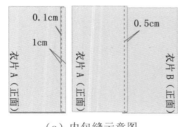

（a）内包缝示意图　　　　　　　（b）内包缝实操图

图 2-50　内包缝

10. 省缝

省缝是省道的缝制工艺，主要是为了服装更为合体，一般多用于胸省、腰省和肩省等部位。

省缝的具体操作方法如下。先将省量和省尖确定在衣片 A 正面，然后按照省中线为中线对称缝制，从省大缝制到省尖，注意在省线的缝制时，省尖点需多缝出一些，以免省道的缝合容易脱线，如图 2-51 所示。

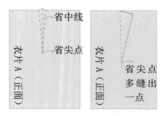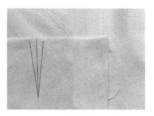

（a）省缝示意图　　　　　　　（b）省缝实操图

图 2-51　省缝

四、特殊机缝工艺

在掌握基础机缝工艺的操作方法以外了解和学习特殊机缝工艺，有助于更好的缝制服装。以下为几种特殊机缝工艺。

1. 滚边

滚边作为一种装饰机缝工艺，多用于装饰服装的边缘。一般可根据需求分为单滚、双滚、单色滚、双色滚和双层滚等多种类型。以下为单滚的具体操作方法。

先将原面料按照正斜丝裁剪滚条，一般宽度为 3～3.5cm。再将衣片 A 正面朝上，滚条反面朝上并与衣片 A 重叠，沿距面料边缘 0.5cm 处缉一道线。然后将滚条折边 1cm 烫平包住毛边，最后沿折边边缘缉 0.1cm 明线即可，如图 2-52 所示。

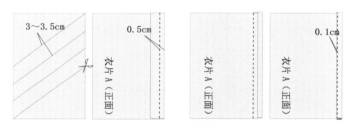

（a）滚边示意图

（b）滚边实操图

图 2-52　滚边

2. 缉花

缉花一般用于装饰旗袍或时装中，常见的缉花纹样有云纹、如意纹和字形等。在缉花时需在纹样下加以衬布。

缉花的具体操作方法如下。以云纹为例，先在面料正面用褪色笔画出图案的形状，然后根据形状车缝即可，如图 2-53 所示。

3. 带襻缝

带襻是双层的带子，主要用于裤带襻、吊带襻等部位。

带襻缝的具体操作方法如下。先将宽 4cm 的布条，两边各向内折边 1cm 烫平，然后将布条对折烫平，最后沿折边缘 0.1cm 缉一道明线，如图 2-54 所示。

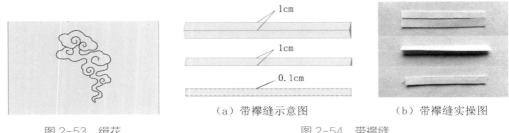

图 2-53　缉花

（a）带襻缝示意图　　（b）带襻缝实操图

图 2-54　带襻缝

4. 褶裥

褶裥分为单褶、阴褶、阳褶、双褶、褶缉明线、碎褶，如图 2-55 所示为具体操作步骤。

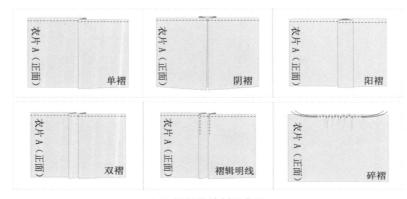

（a）褶裥的缝制示意图

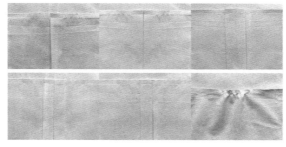

（b）褶裥的缝制实操图

图 2-55　褶裥的缝制步骤

第三节　手工熨烫工艺

手工熨烫工艺是使用熨斗工具进行的推、归、拔烫的工艺手法，贯穿于整个服装缝制过程中。熨烫工艺可以用各种手法塑造服装的立体造型。手工熨烫时的基础方法有很多，常用的有平烫、推烫、归烫、拔烫、分烫和扣缝烫等。手工熨烫的熨烫温度、湿度、压力和时间这四个因素是相辅相成的。因此在实际操作过程中，对熨烫时的温度、湿度、压力和时间需要灵活掌握，以达到理想的熨烫效果。了解并掌握手工熨烫的基本方法，有助于服装成品整体的效果。

一、熨烫的作用

在服装缝制过程中，熨烫具有以下五个方面的作用。

1. 原料预缩

在服装缝制之前，由于面料的耐热性、收缩率等特性的不同，因此需要通过喷水、喷雾熨烫等方法，对原料进行预缩处理，并将原料中折痕、皱痕等瑕疵熨烫平整，为后续的裁布、缝制、熨烫等工序提供条件。

2. 塑型

塑型是指通过归烫、拔烫、推烫等熨烫方法使服装更加合体，其主要原理是通过熨斗的熨烫，适当改变面料的丝缕线的密度和方向，多适用于胸省、臀省、侧缝、撇门、裤裆等部位。

3. 定型

在服装缝制过程中，为了使服装的外观更加平整、美观，所以需要熨烫定型。一般用分烫、压烫、扣缝烫等熨烫手法进行，多适用于领口、门襟、口袋、下摆、袖口、褶裥裙等部位。

4. 整型

在服装缝制完成后，需要对整件服装进行整烫处理，检查在服装缝制过程中没有烫好的部位，使最后的服装呈现最佳状态，这个过程就称为整型。

5. 修正

在服装缝制过程中，可以通过熨烫技巧修正缉线不直、弧线不顺、部件长短不一等问题，以及熨烫过程中因操作不当造成的极光、倒绒毛等问题。

二、手工熨烫的基本方法

常用的手工熨烫方法有以下几种。

（一）平烫

平烫是手工熨烫最简单、最基础的一种方法，多适用于平面的面料或衣片的熨烫。

平烫的具体操作方法如下。首先将面料或衣片平铺在烫台上，然后按照箭头方向熨烫，熨烫过程中不要过度拉扯面料，避免面料的丝缕线发生变化，如图 2-56 所示。

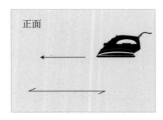
（a）平烫示意图

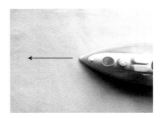
（b）平烫实操图

图 2-56　平烫

（二）推烫

推烫的主要作用是配合归烫和拔烫的定点推移，一般适用于胸峰、袖窿和侧腰等部位的推移。

推烫的具体操作方法如下。先将面料平铺在烫台上，然后左手按住面料，右手拿住熨斗从 A 处推移到 B 处，如图 2-57 所示。

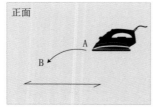
（a）推烫示意图

（b）推烫实操图

图 2-57　推烫

（三）归烫

归烫的作用是将衣片某个部位的面料通过熨烫使织物缩短，一般适用于胸峰、背部、侧腰和袖窿等部位。

归烫的具体操作方法如下。归烫前先用喷水壶喷湿衣片，然后用熨斗从 A 处沿着弧线向 B 处归拢面料，循环往复几次使面料熨烫定型，如图 2-58 所示。

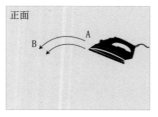
（a）归烫示意图

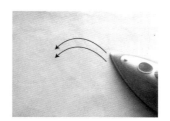
（b）归烫实操图

图 2-58　归烫

（四）拔烫

拔烫的作用是将衣片某个部位的面料通过熨烫使织物伸长，一般适用于肩部、侧腰和袖窿等部位。

拔烫的具体操作方法如下。拔烫前先用喷水壶喷湿衣片，然后用熨斗从 A 处沿着弧线向 B 处拔开面料，循环往复几次使面料熨烫定型，如图 2-59 所示。

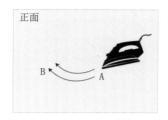 

（a）拔烫示意图 　　　　　　　（b）拔烫实操图

图 2-59　拔烫

（五）分烫

1. 平分烫

平分烫是分烫中最为简单、基础的一种熨烫方法，一般用于服装缝合后需要分开熨烫的部位，如肩缝、侧缝和裤缝等部位。

平分烫的具体操作方法如下。在平分烫之前，可先用手指将缝份刮至分开，再用熨斗沿着缝合线将缝份分开熨烫，如图 2-60 所示。

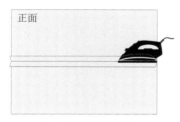 

（a）平分烫示意图 　　　　　　　（b）平分烫实操图

图 2-60　平分烫

2. 归分烫

归分烫是在平分烫的基础上，主要用于熨烫斜丝缝份和需要归烫的缝份，如袖子的外袖缝、肩缝、后背的中缝和喇叭裙的拼缝等部位。

归分烫的具体操作方法如下。在熨烫过程中，左手按住缝份略向熨斗前推送，右手拿住熨斗自左向右沿着缝份开始熨烫。熨烫时熨斗尖部稍向上抬起，用力熨烫至定型。为了方便熨烫，可以借助烫马凳或烫袖凳等工具，如图 2-61 所示。

3. 拔分烫

拔分烫多用于需要拔开熨烫的缝份，如袖底缝、侧腰缝和裤子下裆缝等部位。

拔分烫的具体操作方法如下。在熨烫过程中，左手捏住缝份，右手拿住熨斗自右向左沿着缝份开始熨烫，用力熨烫直至定型，注意缝份熨烫后不起吊，如图 2-62 所示。

（a）归分烫示意图　　　　　　　　（b）归分烫实操图

图 2-61　归分烫

（a）拔分烫示意图　　　　　　　　（b）拔分烫实操图

图 2-62　拔分烫

（六）扣缝烫

扣缝烫的作用是将面料的毛边折转成光边直至熨烫定型，使扣缝烫边缘平服美观。根据不同部位的需求，扣缝烫主要分为直扣缝烫、弧形扣缝烫和缩扣缝烫三种形式。

1. 直扣缝烫

主要应用于裤腰头缝、裙腰头缝、袖克夫缝和上衣里子的下摆缝的熨烫。

直扣缝烫的具体操作方法如下。在熨烫之前，需要将折边向上折转要求的宽度，左手按住折边，右手拿住熨斗沿着折边自右向左开始熨烫，直至熨烫平服，如图 2-63 所示。

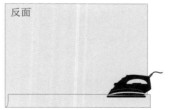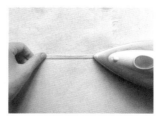

（a）直扣缝烫示意图　　　　　　　　（b）直扣缝烫实操图

图 2-63　直扣缝烫

2. 弧形扣缝烫

弧形扣缝烫主要应用于上衣下摆、裙摆等部位。

弧形扣缝烫的具体操作方法如下。先将面料平铺在烫台上，左手将弧形缝份向上折转，右手拿住熨斗，用熨斗尖沿着折边开始熨烫，使折边弧形边缘圆顺、平服，如图 2-64 所示。

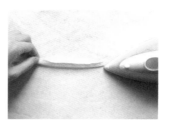

（a）弧形扣缝烫示意图　　　　　　（b）弧形扣缝烫实操图

图 2-64　弧形扣缝烫

3.缩扣缝烫

缩扣缝烫主要应用于圆弧形缝份的熨烫，多适用于圆角贴袋、其他弧形贴袋的扣缝熨烫。

缩扣缝烫的具体操作方法如下。首先准备一个与口袋净样相同的硬纸板，然后将口袋布的圆角距边 0.3cm 平缝一段距离，针距调制最大，再将硬纸板放在衣片内，左手按住硬纸板和面料缝份，并将缝份向内侧折转，右手拿熨斗将缝份向内逐渐归拢熨烫，如图 2-65 所示。

（a）缩扣缝烫示意图　　　　　　（b）缩扣缝烫实操图

图 2-65　缩扣缝烫

（七）起烫

起烫的主要作用是消除水花、极光、烙印和绒毛倒伏等现象。

起烫的具体操作方法如下。先将出现水花、极光、烙印和绒毛倒伏等现象的衣片平铺在烫台上，准备一块较湿的烫布铺在衣片上面，然后将熨斗温度调高，左手整理衣片，右手拿住熨斗轻烫，将水蒸气侵入衣片面料中，循环往复几次，就可以消除水花、极光、烙印和绒毛倒伏等现象，如图 2-66 所示。

（a）起烫示意图　　　　　　（b）起烫实操图

图 2-66　起烫

（八）压烫

压烫主要起到熨烫定型的作用，一般适用于领口、门襟、袖口、下摆和褶裥等部位的熨烫。

压烫褶裥的具体操作方法如下。先将需要压烫褶皱的面料平铺于烫台上，然后根据要求用气消笔在面料上确定褶裥的宽度，再按照确定好的褶裥宽度翻折。为了避免烫焦或极光等现象，准备好一块烫布平铺于面料上，左手按住褶裥，右手拿住熨斗开始熨烫，直至褶裥定型，如图2-67所示。

（a）压烫示意图

（b）压烫实操图

图2-67　压烫

（九）黏合衬熨烫

黏合衬熨烫是指用熨烫将黏合衬黏附在面料反面，一般适用于领、袖、挂面、门襟、腰头、口袋、下摆等部位。烫黏合衬可增加服装面料的支撑作用，提高服装的抗拉伸、抗撕裂、保暖等性能。

1. 黏合衬的分类及选用

黏合衬也称为热熔衬，是服装缝制过程中的主要辅料之一，属于化学衬的一个类别。黏合衬的种类有很多，具有不同的性能，可以根据需求选用。

各类的黏合衬的特性和用途如表2-1所列。

表2-1　各类黏合衬的特性和用途

项　目	种　类	特　性	用　途
按底布不同	机织黏合衬	受力稳定性和抗皱性能较好	适用于中高档服装前身的肩、胸、腰等部位
	针织黏合衬	弹性和尺寸稳定性较好	适用于针织、弹力服装和风衣等
	无纺黏合衬	手感柔软，弹性较好，克重较大	适用于各类服装
按热熔胶的不同	聚乙烯（PE）热熔胶黏合衬	耐高温性能较好	适用于永久高温水洗而不进行干洗和防雨的服装
	聚酰胺（PA）热熔胶黏合衬	良好的黏合性能	适用于永久干洗而不进行水洗的服装
	聚酯（PET）热熔胶黏合衬	耐洗涤性、抗老化性能较好	适用于既可以水洗又可干洗的服装

续表

项　目	种　类	特　性	用　途
按热熔胶的涂布方式不同	热熔转移衬	手感过硬，透气性差，工艺简单	适用于各类服装
	撒粉黏合衬	涂胶不均匀，稳定性较差	适用于服装的小面积黏衬
	粉点黏合衬	手感较柔软，透气性能较好	适用于各类服装
	浆点黏合衬	手感较柔软，透气性能较好	适用于各类服装
	网膜符合衬	黏合牢度强，耐洗性较强，挺括度较好	适用于男式衬衫领衬
	双点黏合衬	黏合牢度较强	适用于各类服装

2. 常用黏合衬的熨烫工艺

（1）普通无纺黏合衬。无纺黏合衬主要有白色和黑色两种，可以根据服装颜色进行选择。黏合衬熨烫主要分为毛样黏合衬熨烫和净样黏合衬熨烫。

普通无纺黏合衬的具体操作方法如下。先将需要烫黏合衬的衣片平铺在烫台上，然后将裁剪好的毛样黏合衬或净样黏合衬平铺在衣片之上，准备一块白坯布平铺于上方，右手拿住熨斗，将熨斗熨度调至最佳温度，关掉水蒸气，根据黏合衬的薄厚将熨烫温度调至110～140℃。在黏合衬的熨烫过程中需要垂直向下用力压熨斗，使衣片面料与黏合衬充分接触，从而加固黏合衬的牢度，熨烫时间一般也根据黏合衬的薄厚掌握在8～15s，依次熨烫整片衣片。在熨烫过程中，熨斗不可像平烫工艺在面料上滑动熨烫，一般黏合衬熨烫都需一处区域熨烫结束后，拿起熨斗再次熨烫其他区域，如图2-68所示。

（2）腰头黏合衬。腰头黏合衬一般有2.5cm、3cm、3.5cm、5cm等多种宽度，主要起到加固腰头定型的作用，多适用于裤腰、裙腰的腰头等部位。

烫腰头黏合衬具体操作方法如下。先将腰头衣片对折熨烫平服，然后将腰头黏合衬裁剪成与腰头的长度相同，并将其夹于腰头对折夹层内，把烫布平铺于需要熨烫的位置。左手按住腰头，右手拿住熨斗关掉水蒸气，将熨烫温度调至130～150℃，垂直向下用力熨烫，依次将整个腰头熨烫结束即可，由于腰头黏合衬较厚，故不平服处可重复熨烫，如图2-69所示。

（a）毛样黏合衬熨烫　（b）净样黏合衬熨烫

图2-68　无纺黏合衬熨烫

图2-69　腰头黏合衬熨烫

（3）牵条黏合衬。牵条黏合衬多适用于门襟、袖口、袖窿等部位。以下为烫牵条黏合衬具体操作方法。

直边烫衬和普通烫衬方法相似，裁剪出与衣片边缘长度相同的牵条黏合衬，然后按照普通无纺黏合衬的操作方法进行熨烫即可。弧边烫衬与直边烫衬不同的是需要将牵条黏合衬按照衣片的弧边进行弧形熨烫，如图2-70所示。

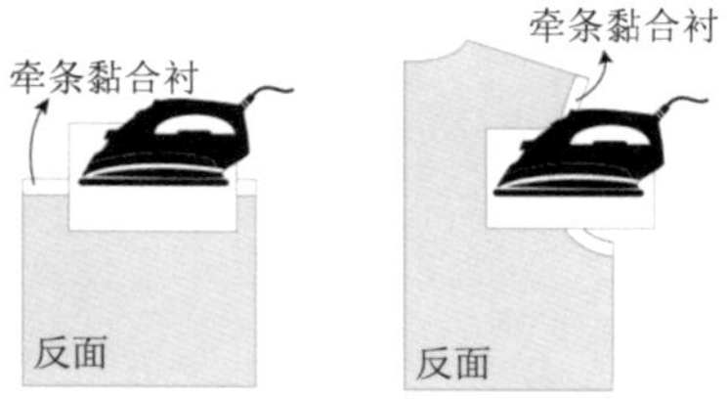

（a）直边烫衬　　（b）弧边烫衬

图2-70　牵条黏合衬熨烫

三、熨烫工艺的标记符号

国际通用熨烫工艺的标记符号如表2-2所列。

表2-2　熨烫工艺的标记符号

序号	符号	解释说明
1	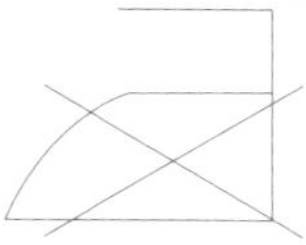	不能使用熨斗熨烫
2	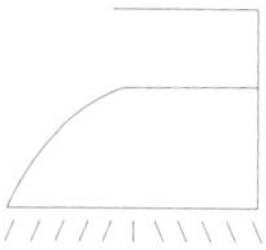	使用蒸汽熨斗熨烫
3	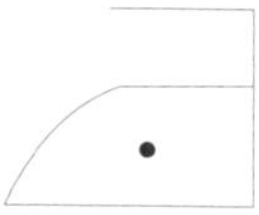	100～110℃低温熨烫
4	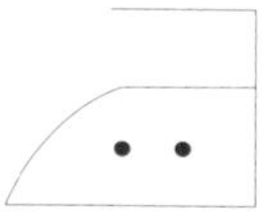	130～150℃中温熨烫
5	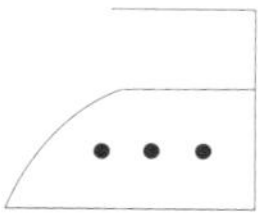	180～200℃高温熨烫
6	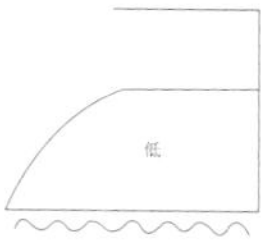	垫烫布100～120℃低温熨烫
7	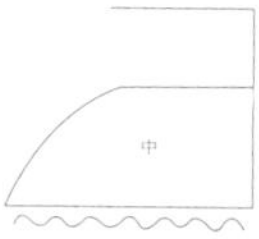	垫烫布130～150℃中温熨烫
8	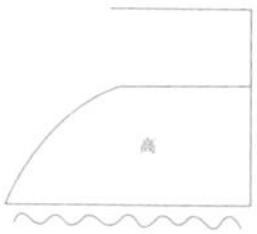	垫烫布200～250℃高温熨烫

四、常用面料的熨烫要求

常用的服装面料有毛、丝、棉、麻和化纤织物等。面料成分和质地的不同，其熨烫温度、时间、湿度和压力也有所不同。常用面料的熨烫要求如表 2-3 所列。

表 2-3　常用面料的熨烫要求

序号	名称	温度 /℃	时间 /s	湿度 /%	注意事项
1	薄毛织物	150～180	5	30	宜待半干时在衣物反面垫湿布熨烫，以免发生极光或烫焦，台面宜垫羊毛织物，使熨出的织物或服装外观光泽柔和，最好用蒸汽熨斗烫
2	厚毛织物	200～220	10	70	同薄毛织物
3	棉织物	180～200	3～5	80	易熨烫，不易伸缩或产生极光，但形状保持性较差。喷水后高温熨烫，深色织物宜反面熨烫
4	丝绸织物	100～120	3～4	30	熨烫前将衣物拉平到原状，在半干状态下反面熨烫，如正面熨烫则需垫烫布。去皱纹可覆盖湿布，并用熨斗压平。不能用水喷，尤其是柞蚕丝服装，以免产生水渍。过高的温度会使面料泛黄
5	麻织物	100～120	5	25	与棉织物相仿。熨斗推的长可生光泽；若不要光泽，可在织物反面熨烫，褶皱处不宜重压熨烫，以免致脆
6	黏胶纤维织物	160～200	3～5	30	粗厚织物同棉织物，松薄织物需在反面垫烫布熨烫，温度可稍低。领口和袖口垫烫布后再熨烫，以免产生极光，最好用蒸汽熨烫，可喷水或在半干状态下熨烫
7	涤纶织物	130～190	3～5	30	一般不需要熨烫或仅需稍加熨烫。熨烫时，应注意保持服装平整，若压烫成皱则较难去除，深色衣物宜烫反面
8	锦纶织物	120～140	3～5	30	一般不必熨烫，特别是白色衣物，多烫易发黄。必须熨烫时，应在反面垫湿布低温熨烫
9	腈纶织物	110～180	3～5	30	必须熨烫时，易垫湿布，熨烫温度不宜过高，时间不宜过长，以免引起收缩或极光
10	维纶织物	120～150	3～5	10	因维纶不耐湿热，必须在织物或服装晾干后熨烫，并垫干布。熨烫时不得带湿或喷水或垫湿布，以防引起收缩或发生水渍，熨烫温度切忌过高
11	丙纶织物	90～100	3～5	10	因丙纶不耐干热，所以纯丙纶织物不宜熨烫。其混纺织物熨烫时，必须采用低温，且垫湿布，切忌直接用熨斗在衣物正面熨烫

第三章
服装部件缝制工艺

服装部件的缝制工艺是服装成品缝制的一个重要环节。服装成品是由各种服装部件组成，主要包括基础部件和小部件。基础部件指的是与人体部位相对应，或者普遍存在的服装成品部件，主要包括大身、领子、门襟、袖子以及腰头。而小部件在服装上的必要性比基础部件弱很多，按服装成品的品种不同选择性地出现，主要包括口袋、帽子、腰带、带襻、省道、褶、衩、纽扣以及拉链等。服装专业人员熟练地掌握服装部件的缝制工艺，有助于服装成品缝制工艺的顺利完成。本章将对领子、袖子、口袋、门襟、开衩以及拉链的缝制工艺进行详细介绍。

第一节 领子缝制工艺

领子是服装部件中最引人注目且造型多变的部件。领子缝制工艺的好坏，在很大程度上直接影响服装整体风格以及工艺水平。领子在整体服装中所占的面积虽然不大，但其缝制工艺要求却非常严格，是服装缝制中最复杂的部分之一。因此，学习领子的缝制工艺，并熟练掌握各种领型的缝制技巧，是服装制作中不可或缺的一个重要环节。

根据领子款式结构的不同，其缝制工艺也各有不同，常见的领型有圆领、方领、衬衫领、西装领、系带领和连帽领等。本节将对服装中常用的领型结构以及缝制工艺进行详细介绍。

一、无领领型

（一）圆领型

1. 贴边圆领型

贴边圆领型款式设计图见图3-1，贴边圆领型结构设计图见图3-2。

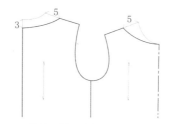

图3-1 贴边圆领型款式设计图   图3-2 贴边圆领型结构设计图（单位：cm）

贴边圆领型的缝制工艺步骤如下。

①裁剪前、后片和前、后领贴边，领贴边宽度为 3～4cm。

②缝合肩缝，将前、后衣片正面相对缝合肩缝，并将缝份分开烫，缝份为 0.8～1cm，如图 3-3 所示。

③缝合侧缝，将前、后衣片正面相对缝合侧缝，并将缝份分开烫，缝份为 0.8～1cm，如图 3-4 所示。

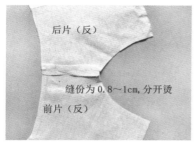

图 3-3　缝合肩缝

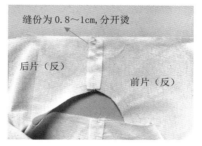

图 3-4　缝合侧缝

④缝合前、后领贴边，将前、后领贴边正面相对，沿着肩缝缝合，缝份为 0.8～1cm，如图 3-5 所示。

⑤缝合领贴边和衣片，将前、后领贴边与前、后衣片正面相对铺平，用大头针将前中心线、肩线固定对齐，沿着领口线缝合一圈，缝份为 0.8～1cm，如图 3-6 所示。

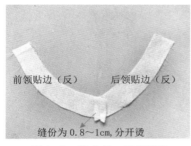

图 3-5　缝合前、后领贴边

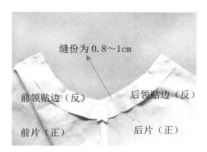

图 3-6　缝合衣片和前、后领贴边

⑥缉缝领贴边，修剪领口缝份至 0.5cm，并每隔一段打剪口，使领贴边翻转后更加服帖，将领贴边翻转到正面，距离缝合处在领贴边缉缝 0.1cm，避免领贴边露出，如图 3-7 所示。

⑦缲三角针，将领贴边缲三角针固定在衣片反面，以免穿着时翻出，如图 3-7 所示。

⑧熨烫领子，整理衣片、贴边、缝份并熨烫平整，如图 3-8 所示。

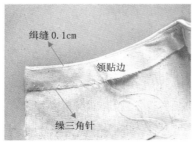

图 3-7　缲三角针

图 3-8　熨烫领子

2. 滚边圆领型

滚边圆领型款式设计图见图 3-9，滚边圆领型结构设计图见图 3-10。

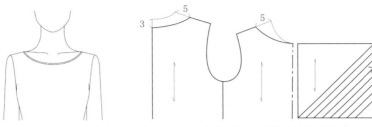

图 3-9　滚边圆领型款式设计图　　图 3-10　滚边圆领型结构设计图（单位：cm）

滚边圆领型的缝制工艺步骤如下。

①裁剪滚条，将面料按照 45° 斜丝裁剪滚条，滚条宽为 2cm，如图 3-11 所示。

②缝合肩缝，将前、后衣片正面相对缝合肩缝，并将缝份分开烫，缝份为 0.8～1cm，如图 3-12 所示。

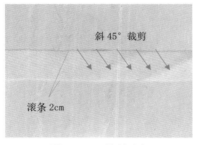

图 3-11　裁剪滚条

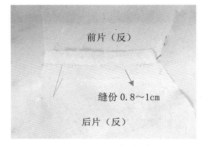

图 3-12　缝合肩缝

③缝合滚条和衣片，将滚条与衣片正面相对缝合，缝份为 0.5cm，如图 3-13 所示。

④扣烫滚条，将滚条向衣片一侧扣烫 0.5cm，并用大头针固定，如图 3-14 所示。

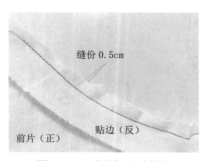

图 3-13　滚条与衣片缝合

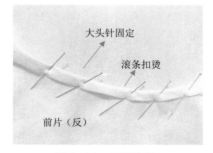

图 3-14　扣烫滚条

⑤暗缝滚条，将滚条采用暗缝的手缝工艺固定到衣片上，滚条两头同样采用暗缝的手缝工艺将缝份藏于滚条与衣片的夹层内，如图 3-15 所示。

⑥熨烫领子，整理衣片、滚边，并熨烫平服，如图 3-16 所示。

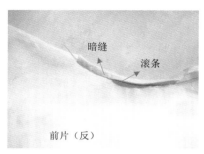

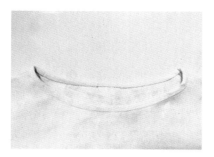

图 3-15　暗缝滚条　　　　　　　　　图 3-16　熨烫领子

（二）方领型

方领型款式设计图见图 3-17，方领型结构设计图见图 3-18。

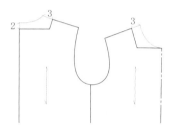

图 3-17　方领型款式设计图　　　图 3-18　方领型结构设计图（单位：cm）

方领型的缝制工艺步骤如下（步骤①②③④与圆领型的缝制工艺步骤相同）。

⑤缝合领贴边和衣片，将领贴边与衣片正面相对，沿着领圈缝合，缝份为 0.8～1cm，在领口方形棱角处缝份打一个剪口，距离尖角 0.3cm，注意不要剪到尖角，以免毛边露出，如图 3-19 所示。

⑥缉缝领贴边，将领贴边翻转到衣片反面，在领贴边缉缝 0.1cm，避免领贴边露出，如图 3-20 所示。

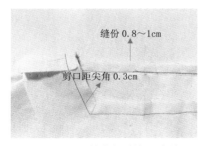

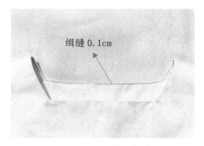

图 3-19　缝合领贴边和衣片　　　　　图 3-20　熨烫衣片

⑦缲三角针，将领贴边缲三角针固定在衣片反面，以免穿着时翻出。缲三角针的操作方法参照图 3-7 所示。

⑧熨烫领子，整理衣片、贴边、缝份并熨烫平整。

（三）V 字领型

V 字领型款式设计图见图 3-21，V 字领型结构设计图见图 3-22。

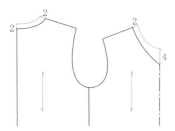

图 3-21　V 字领型款式设计图　　　图 3-22　V 字领型结构设计图（单位：cm）

V 字领型的缝制工艺步骤如下。

①裁剪前、后领贴边，贴边宽度为 3~4cm，如图 3-23 所示。

②缝合侧缝，将前、后衣片正面相对缝合侧缝，并将缝份分开烫，缝份为 0.8~1cm，如图 3-24 所示。

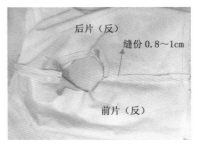

图 3-23　裁剪领贴边　　　　　　图 3-24　缝合侧缝

③缝合肩缝，将前、后衣片正面相对缝合肩缝，并将缝份分开烫，缝份为 0.8~1cm，如图 3-25 所示。

④缝合领贴边和衣片，将前、后领贴边与前、后衣片正面相对铺平，用大头针将前中心线、肩线固定对齐，沿着领口线缝合一圈，缝制到领尖处时需横向车一针，缝份为 0.8~1cm。在领口尖角处缝份打一个剪口，距离尖角 0.3cm，注意不要剪到尖角，以免毛边露出。如图 3-26 所示。

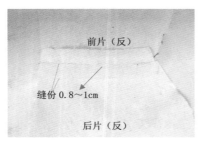

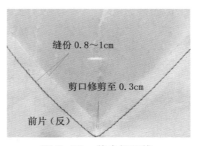

图 3-25　缝合肩缝　　　　　　图 3-26　缝合领口线

⑤缉缝领贴边，将领贴边翻转到衣片反面，领贴边向内缩进 0.1cm 熨烫，距离缝合处在领贴边缉缝 0.1cm，避免领口贴边露出，如图 3-27 所示。

⑥缲三角针，将领贴边缲三角针固定在衣片反面，以免穿着时翻出。缲三角针的操作方法请参照图 3-7。

⑦熨烫领子，整理衣片、贴边、缝份并熨烫平整即可，如图 3-28 所示。

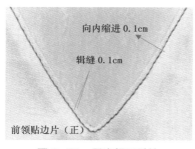
图 3-27　固定领口贴边

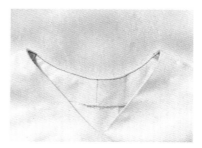
图 3-28　熨烫衣片

（四）吊带领型

吊带领型款式设计图见图 3-29，吊带领型结构设计图见图 3-30。

图 3-29　吊带领型款式设计图

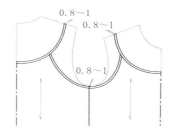
图 3-30　吊带领型结构设计图（单位：cm）

吊带领型的缝制工艺步骤如下。

①裁剪滚条，将面料按照 45° 斜丝裁剪滚条，滚条宽为 0.8～1cm，如图 3-31 所示。

②前、后领口滚边，将滚条两边分别向内扣烫 0.5cm，用滚条分别包住前、后领口，并距离滚边边缘缉 0.1cm 明线，如图 3-32 所示。

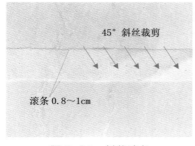
图 3-31　斜裁滚条

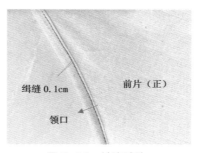
图 3-32　袖窿滚边

③袖窿、肩带滚边，将滚条两边分别向内扣烫 0.5cm，从袖底缝开始，用滚条包住前袖窿后，距离滚边边缘缉 0.1cm 明线，再包住领口滚边缝份继续缉缝肩带长度，最后再用滚条包住后袖窿缉 0.1cm 明线。如图 3-33 所示。

④缝合侧缝，将前、后衣片正面相对缝合侧缝，缝份为 0.8～1cm，如图 3-34 所示。

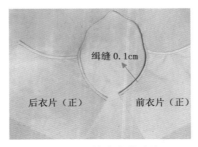

图 3-33　袖窿肩带滚边

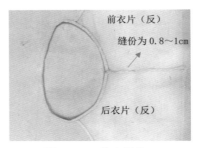

图 3-34　缝合侧缝

⑤熨烫领子，整理衣片、吊带并熨烫平整即可，如图 3-35 所示。

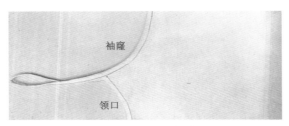

图 3-35　熨烫衣片

二、翻领领型

1. 无领座衬衫领型

无领座衬衫领型款式设计图见图 3-36，无领座衬衫领型结构设计图见图 3-37。

图 3-36　无领座衬衫领型款式设计图

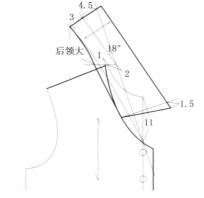

图 3-37　无领座衬衫领型结构设计图（单位：cm）

无领座衬衫领型的缝制工艺步骤如下。

①裁剪衣片、挂面、后领贴边、领底和领面，在反面烫净样黏合衬。

②缝合领里和领面，将领里和领面正面相对重叠平缝，缝份为 0.8～1cm，修剪缝份至 0.5cm，领尖缝份尖角修剪至 0.2cm，如图 3-38 所示。

图 3-38　缝合领里和领面

③压烫领子，翻转领子，领面比领底多出 0.1cm，然后压烫平服。

④缉缝领子，在距离领面边缘 0.1cm 处缉一道明线，如图 3-39 所示。

图 3-39　缉缝领子

⑤缝合肩缝，将前、后衣片正面相对缝合肩缝，缝份为 0.8～1cm，并将缝份分开烫，如图 3-40 所示。

⑥缝合挂面和后领贴边，将挂面和后领贴边正面相对，沿着肩缝缝合，缝份为 0.8～1cm，并将缝份分开烫。如图 3-41 所示。

⑦缝合挂面和衣片，将挂面和衣片正面相对，沿着门襟和前领口缝合，缝制到翻领对位点，缝份为 0.8～1cm，如图 3-42 所示。

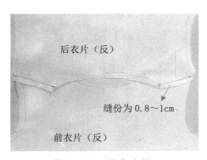

图 3-40　缝合肩缝

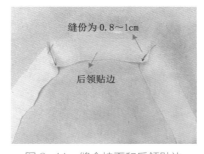

图 3-41　缝合挂面和后领贴边

⑧缝合领子和衣片，将领子夹在衣片和挂面中间，从左翻领对位点缝制到右翻领对位点，缝份为 0.8～1cm，如图 3-43 所示。

⑨熨烫领子，整理衣片、领子并熨烫平整即可，如图 3-44 所示。

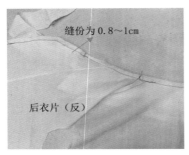

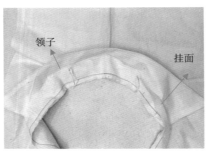

图 3-42　缝合挂面和衣片　　　图 3-43　缝合领子和衣片　　　图 3-44　熨烫领子

2. 有领座衬衫领型

有领座衬衫领型款式设计图见图 3-45，有领座衬衫领型结构设计图见图 3-46。

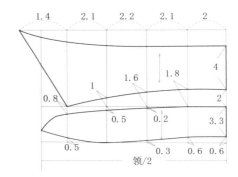

图 3-45　有领座衬衫领型款式设计图　　图 3-46　有领座衬衫领型结构设计图（单位：cm）

有领座衬衫领型的缝制工艺步骤如下。

①裁剪领里、领面、领座里和领座面，并在反面烫净样黏合衬。

②缝合领面和领里，将领面和领里正面相对，沿着领子净样线缝合，要求在领角处领面稍松，领里稍紧，使领角形成窝势，缝份为 0.8～1cm，如图 3-47 所示，修剪三周缝份至 0.5cm，修剪尖角缝份至 0.2cm。

图 3-47　缝合领里和领面

③绱缝领子，将领子尖角缝份向内折叠，用镊子捏住尖角翻转至正面，其余缝份也翻转至正面，领里向内缩进 0.1cm 烫平，在距止口 0.1cm 绱一道明线，如图 3-48 所示。

图 3-48　缉缝领子

④扣烫领座，将领座里反面朝上，领座里下口线向内扣烫 0.8cm，如图 3-49 所示。

⑤缝合领子和领座，将缝制好的领子夹在领座里和领座面中间，注意对准领子和领座的对位点，领面与领座面、领里与领座里正面相对缝合，缝份为 1cm，如图 3-50 所示。

⑥缉缝领座，修剪弧形缝份并打剪口，将领座翻转到正面，要求领座角弧线需翻到位，领座弧线圆顺，领子左右对称，再距缝合线 0.1cm 处缉一道明线固定。

图 3-49　扣烫底领

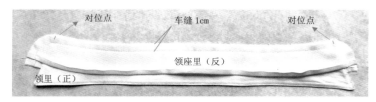

图 3-50　缝合领子和领座

⑦缝合衣片和领座，将衣片反面与领座面正面相对，沿着领圈缝合，注意对准领座和后中对位点、领座与左右肩缝对位点，缝份为 1cm。要求绱领的起止点必须与衣片的门、里襟对齐，领圈弧线不可拉长或起皱，如图 3-51 所示。

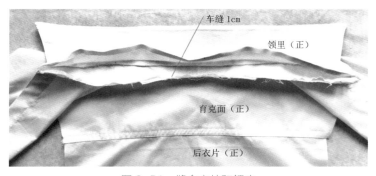

图 3-51　缝合衣片和领座

⑧绱领，将领座里扣烫止口覆在绱领缝合线上，先用大头针固定，注意对准领座和后中对位点、领座与左右肩缝对位点，距扣烫止口0.1cm缉一道明线。要求两侧接线处缝线不双轨，领座里处的领下缝线不超过0.3cm，如图3-52所示。

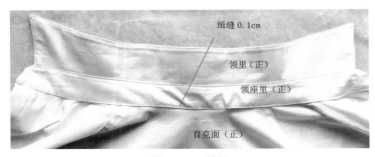

图3-52　绱领

3. 西装领型

西装领型款式设计图见图3-53，西装领型结构设计图见图3-54。

图3-53　西装领型款式设计图

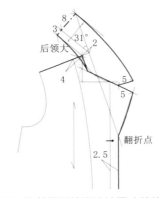

图3-54　西装领型结构设计图（单位：cm）

西装领型的缝制工艺步骤如下。

①裁剪领里、领面、挂面和后领贴边，并在反面烫净样黏合衬。

②缝合领里，将领里正面相对，沿着后中线缝合，缝份为1cm，并将缝份分开烫，如图3-55所示。

③缝合领里和领面，将领里和领面正面相对重叠，沿着净样线缝合三周，缝份为0.8~1cm，修剪缝份至0.5cm，领尖缝份尖角修剪至0.2cm，如图3-56所示。

④将领子翻转至正面，领里向内缩进0.1cm烫平，如图3-57所示。

⑤缝合领面和衣片里布，将领面与衣片里布正面相对，沿着领圈从左装领点缝制到右装领点，缝份为1cm，在缝制过程中，缝制到转角处打剪口，注意对准后中线剪口对位点，如图3-58所示。

⑥缝合领里和衣片面布，将领里与衣片面布正面相对，沿着领圈从左装领点缝制到右装领点，缝份为1cm，在缝制过程中，缝制到转角处打剪口，注意对准后中线剪口对位点，如图3-58所示。

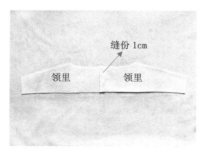

图 3-55　缝合领里

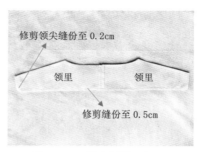

图 3-56　缝合领里和领面

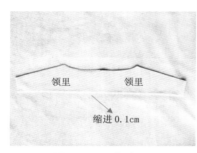

图 3-57　熨烫领子

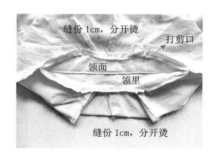

图 3-58　缝合领子和衣片

⑦烫领子缝份，将缝制好的领子缝份圆弧处打剪口，并将缝份分开烫。

⑧烫领子，将领子翻转至正面，分别将领里、翻折点以上衣片面布、翻折线以下挂面向内缩进0.1cm烫平，如图3-59所示。

⑨缲领子，将领圈用疏缝针固定领子，如图3-60所示。

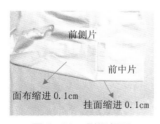

图 3-59　熨烫领子

图 3-60　缲领子

三、其他领型

1. 立领型

立领型款式设计图见图3-61，立领型结构设计图见图3-62。

图 3-61　立领型款式设计图

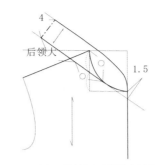

图 3-62　立领型结构设计图（单位：cm）

立领型的缝制工艺步骤如下。

①裁剪领里和领面，并在反面烫净样黏合衬。

②扣烫领面，将领座里反面朝上，领座里下口线向内扣烫 0.8cm，如图 3-63 所示。

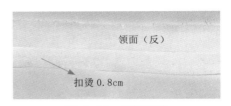

图 3-63　扣烫领面

③缝合领面和领里，将领面和领里正面相对缝合外边缘，缝份为 0.8~1cm，再将圆弧处缝份修剪至 0.5cm，如图 3-64 所示。

④翻烫领子，将领子翻转至正面，领里止口缩进 0.1cm，如图 3-65 所示。

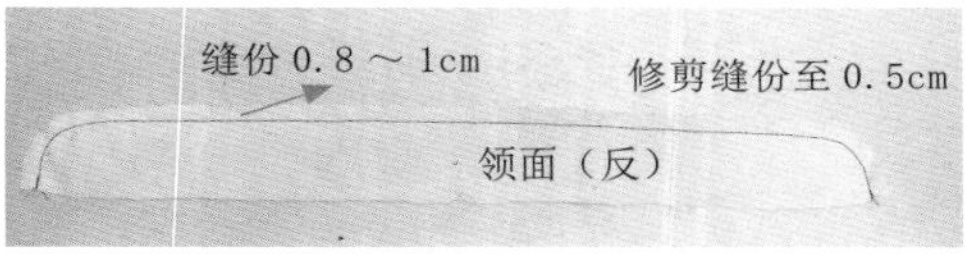

图 3-64　缝合领面和领里

图 3-65　翻烫领子

⑤缝合领里和衣片，将衣片与领里正面相对缝合，缝份为 1cm，注意领中心和领圈线中心剪口对齐，如图 3-66 所示。

⑥绱领，将领面下口需要盖住领里的线迹，缉缝 0.1cm。

⑤熨烫领子，整理领子，并熨烫平服，如图 3-67 所示。

图 3-66　缝合领里和衣片

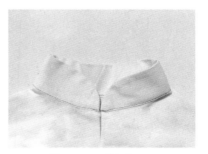

图 3-67　熨烫领子

2. 海军领型

海军领型款式设计图见图 3-68，海军领型结构设计图见图 3-69。

 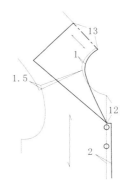

图 3-68　海军领型款式设计图　　图 3-69　海军领型结构设计图（单位：cm）

海军领型的缝制工艺步骤如下。

①裁剪领里和领面，并在反面烫毛样黏合衬。

②缝合领里和领面，将领里和领面正面相对重叠，沿着领子外缘缝合，缝份为 0.8～1cm，如图 3-70 所示。

③修剪缝份，领子缝份修剪 0.5cm，尖角处缝份修剪至 0.2cm，利于后续翻转领子，领角更加平整。

④熨烫领子，翻转领子，领里止口缩进 0.1cm，用熨斗熨烫平服，如图 3-71 所示。

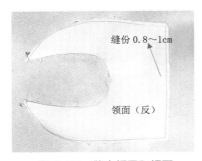 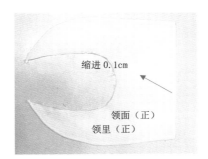

图 3-70　缝合领里和领面　　　　图 3-71　熨烫领子

3. 系带领型

系带领型款式设计图见图 3-72，系带领型结构设计图见图 3-73。

 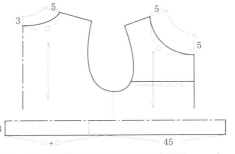

图 3-72　系带领型款式设计图　　图 3-73　系带领型结构设计图（单位：cm）

系带领型的缝制工艺步骤如下。

①裁剪领子、贴边，并在贴边、领围部分，反面烫毛样黏合衬。

②将领子正面相对重叠，将除领圈部分缝合，缝份为 0.8～1cm，并修剪缝份和尖角，如图 3-74 所示。

③将除领圈外的系带部分翻转至正面熨烫平服，前领口点打剪口。

④扣烫领面，将领面缝份向反面扣烫 0.7～0.9cm，如图 3-75 所示。

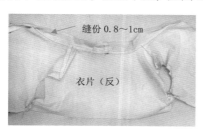

图 3-74 缝合领子　　　　　　　　　　　图 3-75 缝合领子

⑤缝合领里和衣片，将系带中心线剪口对准衣身领围剪口，用大头针固定，分别从中心线开始向两边缝合至前领口，缝份为 0.8～1cm，如图 3-76 所示。

⑥绱领，沿着领圈缉一周 0.1cm 明线，注意要盖住缝合线迹。

⑦熨烫领子，整理系带，熨烫平整，如图 3-77 所示。

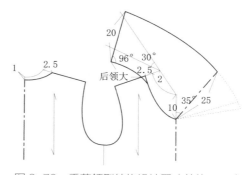

图 3-76 缝合领里和衣片　　　　　图 3-77 整理系带

4. 垂荡领型

垂荡领型款式设计图见图 3-78，垂荡领型结构设计图见图 3-79。

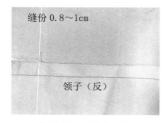

图 3-78 垂荡领型款式设计图　　　图 3-79 垂荡领型结构设计图（单位：cm）

垂荡领型的缝制工艺步骤如下。

①裁剪领里、领面，注意领子前中连裁。

②缝合领里和领面，将领里和领面正面相对，沿着领子外缘缝合，缝份为0.8～1cm，如图3-80所示。

图3-80　缝合领里和领面

③翻烫领子，将领子翻转至正面，领里缩进0.1cm烫平，如图3-81所示。

④扣烫领面，将领面向反面扣烫0.7～0.9cm，如图3-82所示。

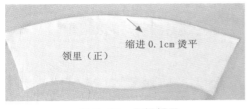

图3-81　翻烫领子

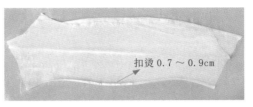

图3-82　扣烫领面

⑤缝合领子，将领子正面对正面，沿着后领中心线平缝缝合，缝份为0.8～1cm，缝份分开烫，如图3-83所示。

⑥缝合领里和衣片，将领里正面和衣片反面相对，沿着领围线缝合一周，缝份为0.8～1cm，如图3-84所示。

图3-83　缝合领子

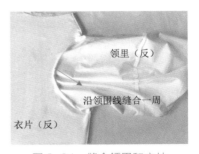

图3-84　缝合领里和衣片

⑦绱领子，沿着领圈缉一周0.1cm明线，注意要盖住缝合线迹，如图3-85所示。

⑧熨烫领子，整理垂荡领并熨烫平整，如图3-86所示。

图3-85　绱领子

图3-86　整理领子

5.荷叶边领型

荷叶边领型款式设计图见图 3-87，荷叶边领型结构设计图见图 3-88。

图 3-87　荷叶边领型款式设计图

图 3-88　荷叶边领型结构设计图

荷叶边领型的缝制工艺步骤如下。

①分别裁剪两片领里和领面、贴边。

②缝合领里和领面，将领里和领面正面相对重叠，沿着荷叶边领边缘一侧缝合，缝份为 0.8 ~ 1cm，如图 3-89 所示。

③翻烫领子，将缝份修剪至 0.5cm，领里缩进 0.1cm 烫平，为避免领里向外翻出，可在领里处距离缝合线 0.1cm 固定缝份，如图 3-90 所示。

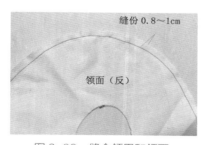

图 3-89　缝合领里和领面

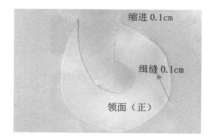

图 3-90　翻烫领子

④扣烫领里，将领里向反面扣烫 0.7 ~ 0.9cm，如图 3-91 所示。

⑤领里、领面的左领片和右领片正面相对重叠，沿着后中心线缝合，缝份为 0.8 ~ 1cm，并将缝份分开烫。

⑥缝合领面和衣片，将领面正面和衣片反面相对，从左侧前领口点缝制到右侧前领口点，注意后领中线对齐，如图 3-92 所示。

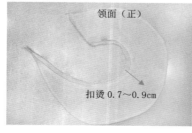

图 3-91　扣烫领里

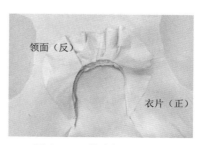

图 3-92　缝合领面和衣片

⑦绱领子，沿着领圈缉一周 0.1cm 明线，注意要盖住缝合线迹，如图 3-93 所示。

⑧熨烫领子，整理领子并熨烫平整，如图 3-94 所示。

图 3-93　绱领子

图 3-94　熨烫领子

6. 连帽领型

连帽领型款式设计图见图 3-95，连帽领型结构设计图见图 3-96。

图 3-95　连帽领型款式设计图

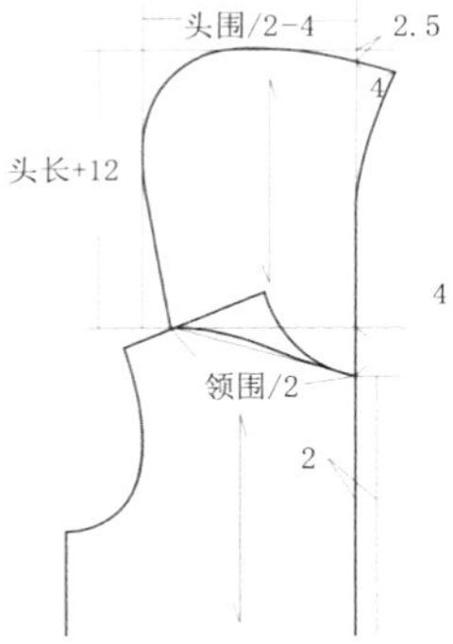

图 3-96　连帽领型结构设计图（单位：cm）

连帽领型的缝制工艺步骤如下。

①裁剪两片帽里和帽面。

②缝合帽里，左帽里和右帽里正面相对重叠，沿着后中心线缝合，缝份为 0.8~1cm，并将缝份分开烫，如图 3-97 所示。

③缝合帽面，左帽面和右帽面正面相对重叠，沿着后中心线缝合，缝份为 0.8~1cm，并将缝份分开烫，如图 3-98 所示。

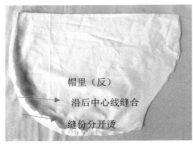
图 3-97　缝合帽里

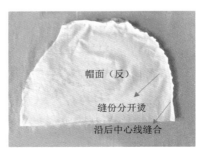
图 3-98　缝合帽面

④缝合帽里和帽面，将帽里和帽面正面相对重叠，沿着帽檐边缘一侧缝合，缝份为 0.8 ~ 1cm，如图 3-99 所示。

⑤翻烫帽子，将帽子翻转至正面，帽里止口缩进 0.1cm 熨平，如图 3-100 所示。

⑥绱领子，请参考其他领型操作步骤即可，整理帽子，如图 3-101 所示。

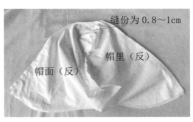

图 3-99　缝合帽里和帽面

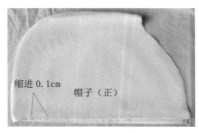

图 3-100　翻烫帽子

图 3-101　整理帽子

第二节　袖子缝制工艺

袖子是服装上衣构成中很重要的也是变化复杂的部分，袖子的造型直接影响了服装的造型以及款式的变化。根据袖子款式结构的不同，其缝制工艺也各有不同，常见的袖型有无袖袖型、短袖袖型、一片袖袖型、两片袖袖型、连袖袖型、插肩袖袖型、灯笼袖型和喇叭袖型等。本节将服装中常用的袖型结构以及缝制工艺进行详细介绍。

一、无袖袖型

1. 贴边无袖袖型

贴边无袖袖型的款式设计图见图 3-102，贴边无袖袖型的结构设计图见图 3-103。

图 3-102　贴边无袖袖型款式设计图

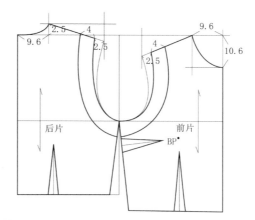

图 3-103　贴边无袖袖型结构设计图（单位：cm）

贴边无袖袖型的缝制工艺步骤如下。

①裁剪衣片和袖口贴边。

②缝合肩缝，将前、后衣片正面相对缝合肩缝，缝份为 0.8～1cm，缝份分开烫平，如图 3-104 所示。

③缝合袖口贴边，将前、后袖口贴边正面相对缝合肩缝，缝份为 0.8～1cm，缝份分开烫平。

④缝合衣片和袖口贴边，将衣片与袖口贴边正面相对，从袖底缝开始沿着袖窿缝合一周，注意肩缝对齐，弧线缝份打剪口，如图 3-105 所示。

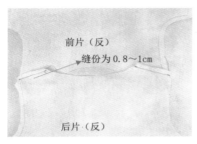 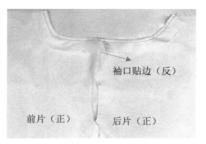

图 3-104　缝合肩缝　　　　　　图 3-105　缝合衣片和袖口贴边

⑤翻烫袖口贴边，将袖口贴边翻转到衣片反面，贴边止口向内缩进 0.1cm，如图 3-106 所示。

⑥缝合侧缝，将前、后衣片正面相对缝合，缝份为 0.8～1cm，注意要缝制到袖口贴边，缝份分开烫，如图 3-107 所示。

⑦缲三角针，将袖口贴边用三角针固定在衣身，以防翻出。缲三角针的操作方法请参照图 3-7。

⑧熨烫袖口，整理领子，并熨烫平服，如图 3-108 所示。

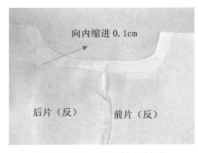 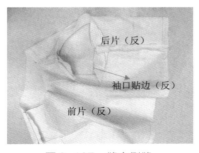 

图 3-106　翻烫袖口贴边　　　　图 3-107　缝合侧缝　　　　图 3-108　熨烫袖口

2. 滚边无袖袖型

滚边无袖袖型的款式设计图见图 3-109，滚边无袖袖型的结构设计图见图 3-110。

滚边无袖袖型的缝制工艺步骤如下。

①裁剪前、后衣片，将面料按照 45° 斜丝裁剪滚条，滚条宽为 2cm，如图 3-111 所示。

②缝合肩缝，将前、后衣片正面相对缝合肩缝，缝份为 0.8～1cm，并将缝份分开烫，如图 3-112 所示。

 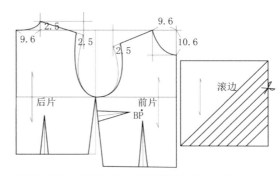

图 3-109　滚边无袖袖型款式设计图　　图 3-110　滚边无袖袖型结构设计图（单位：cm）

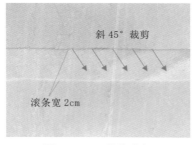 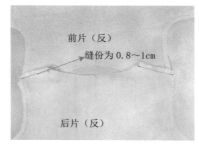

图 3-111　裁剪滚条　　　　　　　　　图 3-112　缝合肩缝

③缝合滚条和衣片，将滚条与衣片正面相对缝合，缝份为 0.5cm，如图 3-113 所示。

④扣烫滚条，将滚条向衣片一侧扣烫 0.5cm，并用大头针固定，如图 3-114 所示。

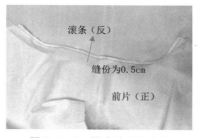 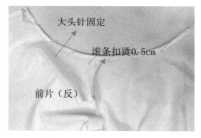

图 3-113　缝合滚条和衣片　　　　　　图 3-114　扣烫滚条

⑤暗缝滚条，将滚条采用暗缝的手缝工艺固定到衣片上，滚条两头同样采用暗缝工艺将缝份藏于滚条与衣片的夹层内，如图 3-115 所示。

⑥缝合侧缝，将前、后衣片正面相对缝合，缝份为 0.8 ~ 1cm，如图 3-116 所示。

⑦熨烫袖口，整理衣片、滚边，并熨烫平服，如图 3-117 所示。

3. 卷边无袖袖型

卷边无袖袖型的款式设计图见图 3-118，卷边无袖袖型的结构设计图见图 3-119。

卷边无袖袖型的缝制工艺步骤如下。

图 3-115　暗缝滚条

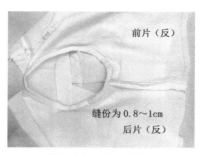

图 3-116　缝合侧缝

图 3-117　熨烫袖口

图 3-118　卷边无袖袖型款式设计图

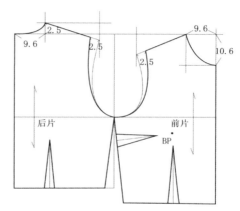

图 3-119　卷边无袖袖型结构设计图（单位：cm）

①分别裁剪前、后衣片。

②缝合肩缝，将前、后衣片正面相对缝合肩缝，并将缝份分开烫，缝份为 0.8～1cm，如图 3-120 所示。

③缝合侧缝，将前、后衣片正面相对缝合侧缝，并将缝份分开烫，缝份为 0.8～1cm，如图 3-121 所示。

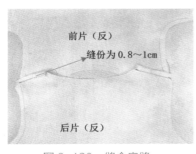

图 3-120　缝合肩缝

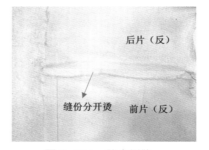

图 3-121　缝合侧缝

④卷边缝袖口，将袖口的缝份向内扣缝烫 0.5cm，沿着袖口边缘缉 0.5cm 明线，如图 3-122 所示。

⑤熨烫袖口，整理衣片、袖口并熨烫平服，如图 3-123 所示。

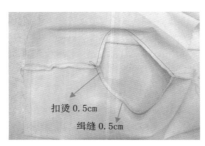

图 3-122　卷边缝袖口

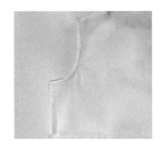

图 3-123　熨烫袖口

二、短袖袖型

1. 普通短袖袖型

普通短袖袖型款式设计图见图 3-124，普通短袖袖型结构设计图见图 3-125。

图 3-124　普通短袖袖型款式设计图

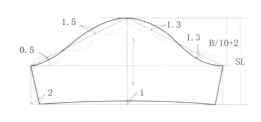

图 3-125　普通短袖袖型结构设计图（单位：cm）

普通短袖袖型的缝制工艺步骤如下。

①裁剪前、后衣片、袖片。

②缝合肩缝，将前、后衣片正面相对缝合肩缝，缝份为 0.8～1cm，并将缝份分开烫，如图 3-126 所示。

③缝合侧缝，将前、后衣片正面相对缝合侧缝，缝份为 0.8～1cm，并将缝份分开烫，如图 3-127 所示。

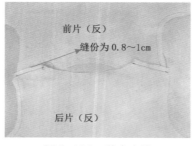

图 3-126　缝合肩缝

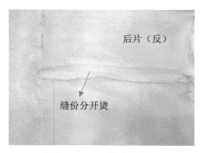

图 3-127　缝合侧缝

④缝合袖底缝，将袖片正面相对缝合袖底缝，缝份为0.8~1cm，并将缝份分开烫，如图 3-128 所示。

⑤卷边缝袖口，将袖口向内扣缝烫 0.5cm，距离卷边止口缉 0.1cm 明线。

⑥绱袖子，将袖片和衣片正面相对，沿着袖窿缝制一周，注意对准袖山高点、袖底点等对位点，缝份为 0.8~1cm，缝份倒向袖片，不需要熨烫，如图 3-129 所示。

⑦熨烫袖子，整理袖子，并熨烫衣片，如图 3-130 所示。

图 3-128　缝合袖底缝

图 3-129　绱袖子

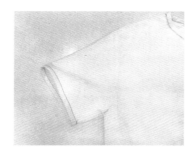

图 3-130　熨烫袖子

2.短泡泡袖型

短泡泡袖型款式设计图见图 3-131。短泡泡袖型结构设计图见图 3-132。

图 3-131　短泡泡袖型款式设计图

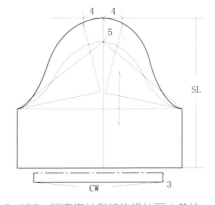

图 3-132　短泡泡袖型结构设计图（单位：cm）

短泡泡袖型的缝制工艺步骤如下。

①裁剪衣片、袖片、袖克夫。

②缝合肩缝，将前、后衣片正面相对缝合肩缝，缝份为 0.8~1cm，并将缝份分开烫，如图 3-133 所示。

③抽袖山碎褶，在袖窿弧线缝制一段平行线，两头留出一段线头，拉紧两头的线头，将袖山

的褶皱量平均在袖山高两侧，如图 3-134 所示。

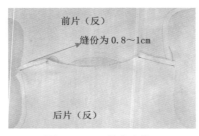

图 3-133　缝合肩缝　　　　　　　　　图 3-134　抽袖山碎褶

④抽袖口碎褶，袖口抽褶与袖山抽褶方法相同，如图 3-135 所示。

⑤绱袖子，将袖片和衣片正面相对，沿着袖窿缝制一周，注意对准袖山高点、袖底点等对位点，缝份为 0.8 ~ 1cm，缝份倒向袖片，不需要熨烫，如图 3-136 所示。

图 3-135　抽袖口碎褶　　　　　　　　　图 3-136　绱袖子

⑥缝合袖克夫，将袖克夫正面相对，缝合较短边缘，缝份为 0.8 ~ 1cm，缝份分开烫，如图 3-137 所示。

⑦翻烫袖克夫，将袖克夫翻转至正面，熨烫平整，如图 3-138 所示。

图 3-137　缝合袖克夫　　　　　　　　　图 3-138　翻烫袖克夫

⑧缝合袖克夫里和袖片，将袖克夫与袖片袖口处正面相对，缝制一周，缝份为 0.8 ~ 1cm，注意褶量分布均匀，如图 3-139 所示。

⑨缉缝袖克夫面，将袖克夫面覆盖在缝合线迹处，缉缝 0.1cm 明线，如图 3-140 所示。

⑩熨烫袖子，整理袖子，并熨烫衣片，如图 3-141 所示。

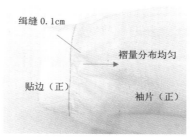

图 3-139　缝合袖克夫里和袖片　　图 3-140　绗缝袖克夫面　　图 3-141　熨烫袖子

3. 短喇叭袖型

短喇叭袖型款式设计图见图 3-142，短喇叭袖型结构设计图见图 3-143。

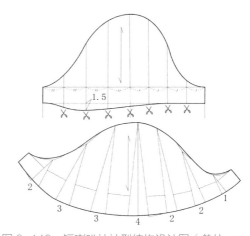

图 3-142　短喇叭袖袖型款式设计图　　图 3-143　短喇叭袖袖型结构设计图（单位：cm）

短喇叭袖型的缝制工艺步骤如下。

①裁剪衣片和袖片，注意袖口缝份为 2cm。

②缝合肩缝，将前、后衣片正面相对，缝合肩缝，缝份为 1cm，并将缝份分开烫，如图 3-144 所示。

③缝合侧缝，将前、后衣片正面相对，缝合侧缝，缝份为 1cm，并将缝份分开烫，如图 3-145 所示。

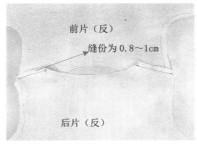
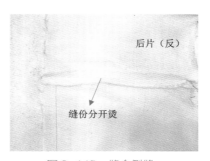

图 3-144　缝合肩线　　图 3-145　缝合侧缝

④缝合袖底缝，将袖片正面相对，缝合袖底缝，并将缝份分开烫，缝份为1cm，如图3-146所示。

⑤卷边缝袖口，将袖口向反面卷边0.5cm，再距离卷边止口绲0.1cm明线，注意在缝制时不要拉伸面料，以防斜丝将面料拉伸大，如图3-147所示。

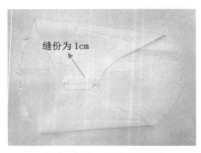

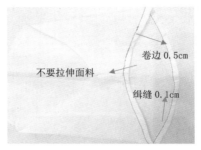

图3-146　缝合袖底缝　　　　　　　　　图3-147　卷边缝袖口

⑥绱袖子，将袖片和衣片正面相对，沿着袖窿缝制一周，注意对准袖山高点、袖底点等对位点，缝份为0.8～1cm，缝份倒向袖片，不需要熨烫，如图3-148所示。

⑦熨烫袖子，整理袖子，并熨烫衣片，如图3-149所示。

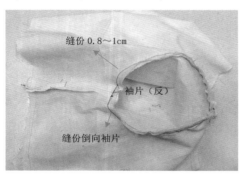

图3-148　绱袖子　　　　　　　　　图3-149　熨烫袖子

三、一片袖袖型

一片袖袖型款式设计图见图3-150，一片袖袖型结构设计图见图3-151。

一片袖袖型的缝制工艺步骤如下。

①裁剪衣片和袖片。

②缩袖山吃势，沿着袖山车缝两条抽褶线，宽度0.5cm左右，两端留出充足的线头，抽拉两边的线头，使袖山弧度饱满，如图3-152所示。

③缝合袖肘省道，将袖侧缝的省道从反面缝合，并熨烫平服，如图3-153所示。

④缝合袖侧缝，将袖片正面相对缝合袖侧缝，缝份为0.8～1cm，并将缝份分开烫，如图3-154所示。

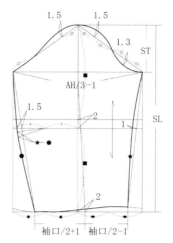

图 3-150　一片袖袖型款式设计图　　图 3-151　一片袖袖型结构设计图（单位：cm）

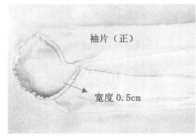

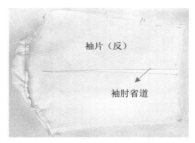

图 3-152　缩袖山吃势　　　　　　图 3-153　缝合袖肘省道

⑤绱袖子，将袖子和衣片正面相对，从袖底缝开始沿着袖窿缝制一周，缝份为 0.8~1cm。拼缝时可先假缝或用大头针固定，注意袖山高点向后移动 1~2cm，袖子自然向前倾斜，如图 3-155 所示。

⑥翻烫袖口，袖口向反面翻烫 3~4cm，用三角针固定在袖片，缲三角针如图 3-7 所示。

⑦熨烫袖子，整理衣片、袖子，并熨烫平整，如图 3-156 所示。

图 3-154　缝合袖侧缝　　　　　图 3-155　绱袖子　　　　图 3-156　熨烫袖子

四、两片袖袖型

两片袖袖型款式设计图见图 3-157，两片袖袖型结构设计图见图 3-158。

两片袖袖型的缝制工艺步骤如下。

①裁剪衣片、袖片、袖里，在袖口处烫黏合衬。

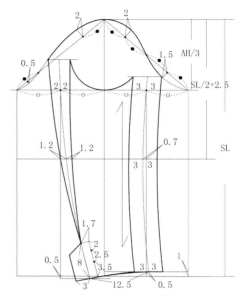

图 3-157 两片袖袖型款式设计图   图 3-158 两片袖袖型结构设计图（单位：cm）

②缝制大袖衩，将大袖片袖衩剪掉一个三角形（腰长为 7cm 的等腰直角三角形），然后将大袖片袖衩面布正面相对缝合，缝份为 1cm，再将袖衩翻转至正面烫平，如图 3-159 所示。

③缝制小袖衩，将小袖片袖衩袖口折边按净样线向面布正面折叠，并车缝至距之后 1cm 处，修剪尖角至 0.2cm，再将袖衩翻转至正面烫平，如图 3-160 所示。

④缝合外袖缝，将大、小袖片正面相对，沿着外袖缝缝合至袖衩止口，缝份为 1cm，并将缝份分开烫，如图 3-161 所示。

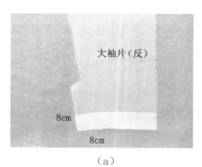

（a）

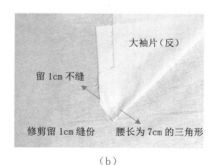

（b）

图 3-159 缝制大袖衩

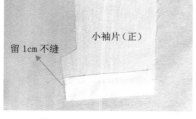

图 3-160 缝制小袖衩

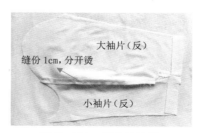

图 3-161 缝合外袖缝

⑤缝合内袖缝，将大、小袖片正面相对，沿着内袖缝缝合至袖衩止口，缝份为 1cm，并将缝份分开烫。要求在大袖片的袖肘处要拉伸熨烫，如图 3-162 所示。

⑥烫袖口折边，将袖口折边按照净样线向面布反面折烫 4cm，如图 3-163 所示。

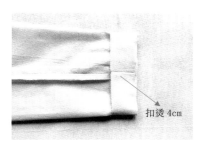

图 3-162　缝合内袖缝　　　　　　图 3-163　烫袖口折边

⑦缩缝袖山吃势，距袖山净样线 0.2cm，用细缝缩缝从前符合点到后符合点缝制两道缝线，拉紧两端的线头，调节袖山吃势，一般袖山高点两端的吃势量稍多，到前、后符合点会逐渐减小吃势量，如图 3-164 所示。

⑧绱袖子，先将衣身和袖子正面相对，沿着袖窿假缝一周，如图 3-165 所示，缝份为 0.8cm 左右，注意对准袖山高和袖底剪口对位点。再按照袖窿净样线缝制一周，缝份为 1cm，缝份倒向袖子，注意此处缝份不需要熨烫，如图 3-166 所示。

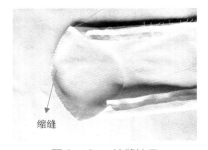

图 3-164　缩缝袖口

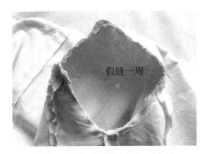

图 3-165　手缝袖子、袖片　　　　　图 3-166　绱袖子

⑨缝合内、外袖缝，将大、小袖片正面相对，沿着内、外袖缝缝合，缝份为 1cm，缝份倒向小袖片烫平，如图 3-167 所示。要求左袖内袖缝袖肘处留出 10cm 左右不缝合，以备用于翻膛，如图 3-168 所示。

⑩绱袖子里布，将衣身里布和袖子里布正面相对，沿着袖窿缝制一周，缝份为 1cm，如图 3-169 所示。

⑪缝合袖口面、里布，将袖口面、里布正面相对，沿着袖口缝制一周，缝份为 1cm，注意对准内、外袖缝线，如图 3-170 所示。

⑫扣烫袖口折边，将袖口折边向内折烫 4cm，袖口缝份缲三角针固定，如图 3-171 所示。

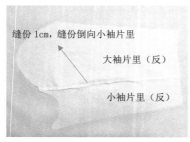

缝份 1cm，缝份倒向小袖片里

大袖片里（反）

小袖片里（反）

图 3-167　缝合里布外袖缝

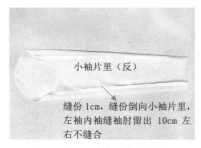

小袖片里（反）

缝份 1cm，缝份倒向小袖片里，左袖内袖缝袖肘留出 10cm 左右不缝合

图 3-168　缝合里布内袖缝

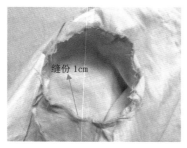

缝份 1cm

图 3-169　绱袖子里布

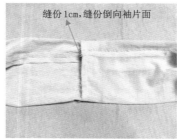

缝份 1cm,缝份倒向袖片面

图 3-170　缝合袖口面、里布

袖口缝份缲三角针固定

图 3-171　缲三角针固定袖口

五、连身袖袖型

连身袖袖型款式设计图见图 3-172，连身袖袖型结构设计图见图 3-173。

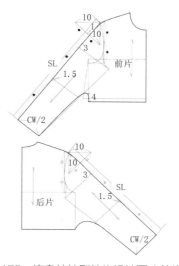

图 3-172　连身袖袖型款式设计图　　图 3-173　连身袖袖型结构设计图（单位：cm）

连身袖袖型的缝制工艺步骤如下。

①裁剪前、后衣片，袖口缝份为 4cm。

②缝合肩袖缝，将前、后衣片正面相对重叠，沿着肩袖线缝合，缝份为 1.5cm，并将缝份分

开烫，如图 3-174 所示。

③缝合袖侧缝，将前、后衣片正面相对重叠，沿着侧缝线缝合，缝份为 1.5cm，并将缝份分开烫。弧线缝份打剪口，缝份修剪至 0.7cm，如图 3-175 所示。

④扣烫袖口折边，将袖口折边向内折烫 4cm，袖口缝份缲三角针固定。缲三角针的操作方法请参照图 3-7。

⑤熨烫袖子，整理衣片、袖子，并熨烫平整，如图 3-176所示。

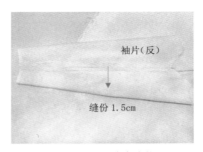

图 3-174　缝合肩线

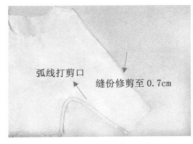

图 3-175　缝合侧缝

图 3-176　熨烫袖子

六、插肩袖袖型

两片式插肩袖袖型款式设计图见图 3-177，两片式插肩袖袖型结构设计图见图 3-178。

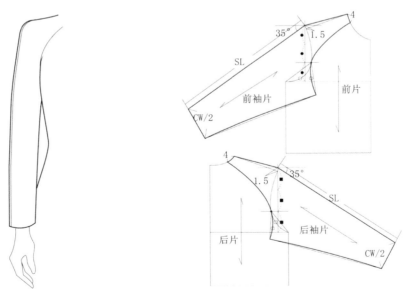

图 3-177　两片式插肩袖袖型款式设计图　　图 3-178　两片式插肩袖袖型结构设计图（单位：cm）

两片式插肩袖袖型的缝制工艺步骤如下。

①裁剪前后衣片、袖片，袖口缝份为 4cm。

②标记重合点，标记分别将前、后衣片与袖子的袖窿重合点打剪口做标记，如图 3-179 所示。

③缝合肩袖缝，将前、后袖片正面相对，沿着肩袖缝缝合，缝份为 1cm，并将缝份分开烫，如图 3-180 所示。

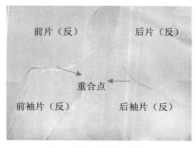
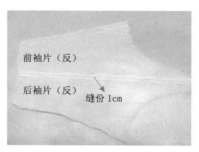

图 3-179　标记重合点　　　　　　　　图 3-180　缝合肩袖缝

④翻烫袖口，将袖口向袖片反面翻烫 4cm，如图 3-181 所示。

⑤缝合袖片和衣片，将袖片和衣片正面相对缝合，缝份为 1cm，缝份倒向衣片，如图 3-182 所示。

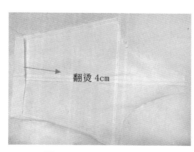
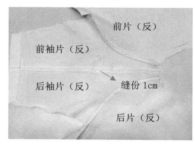

图 3-181　翻烫袖口　　　　　　　　　图 3-182　缝合袖片和衣片

⑥缝合袖底缝、侧缝，将袖片正面相对，沿着袖底线、侧缝线缝合，注意对准袖底缝，如图 3-183 所示。

⑦熨烫袖子，熨烫袖口至平服，用三角针将翻边固定在袖片反面，如图 3-184 所示。

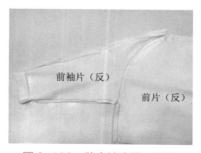
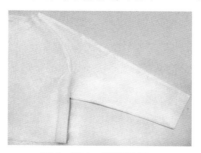

图 3-183　缝合袖底缝、侧缝　　　　　图 3-184　熨烫袖子

第三节　口袋缝制工艺

　　口袋作为成衣展示的重要部位，它的缝制工艺代表了服装产品的品质。口袋是除了领子、袖子之外，制作工序最为复杂的部位，其制作步骤较多、工艺标准难以控制。

　　根据口袋款式结构的不同，其缝制工艺也各有不同，常见的口袋类型有贴袋、插袋、挖袋等多种袋型。本节将对服装中常用的袋型结构以及缝制工艺进行详细介绍。

一、贴袋缝制工艺

1. 直角贴袋

　　直角贴袋款式设计图见图 3-185，直角贴袋结构设计图见图 3-186。

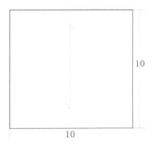

图 3-185　直角贴袋款式设计图　图 3-186　直角贴袋结构设计图（单位：cm）

　　直角贴袋的缝制工艺步骤如下。

　　①裁剪袋片，袋口缝份为 4cm，其他缝份为 1cm，袋口反面烫黏合衬。

　　②包边缝袋口，袋口缝份向内包边烫 2cm 再平缝固定，如图 3-187 所示。

　　③扣烫缝份，在袋布反面放置一块净样纸板，袋布的缝份向内扣烫 1cm，如图 3-188 所示。

图 3-187　平缝袋口

　　④固定贴袋，将熨烫好的袋布先用大头针固定在衣片口袋位置，除了袋口处，在距离止口0.1cm 处缉缝固定，注意袋口的两端需要打回针固定，如图 3-189 所示。

图 3-188　扣烫缝份

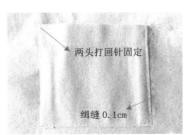

图 3-189　固定贴袋

2. 圆角贴袋

圆角贴袋款式设计图见图 3-190，圆角贴袋结构设计图见图 3-191。

 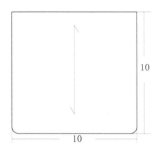

图 3-190　圆角贴袋款式设计图　图 3-191　圆角贴袋结构设计图（单位: cm）

圆角贴袋的缝制工艺步骤如下。

步骤①②与直角贴袋的缝制工艺步骤相同，如图 3-192 所示。

③扣烫缝份，在袋布反面放置一块净样纸板，袋布的缝份向内扣烫 1cm，注意圆角弧线熨烫平缓，如图 3-193 所示。

④固定贴袋，将熨烫好的袋布先用大头针固定在衣片口袋位置，除了袋口处，在距离止口 0.1cm 处缉缝固定，注意袋口的两端需要打回针固定，如图 3-194 所示。

图 3-192　平缝袋口

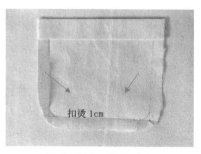 

图 3-193　扣烫缝份　　　　图 3-194　固定贴袋

3. 尖角贴袋

尖角贴袋款式设计图见图 3-195，尖角贴袋结构设计图见图 3-196。

尖角贴袋的缝制工艺步骤与直角贴袋的缝制工艺步骤相似，注意尖角的熨烫和缝制平服。

4. 有袋盖贴袋

有袋盖贴袋款式设计图见图 3-197，有袋盖贴袋结构设计图见图 3-198。

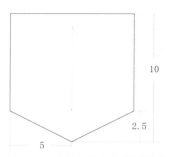

图 3-195　尖角贴袋款式设计图　　　图 3-196　尖角贴袋结构设计图（单位：cm）

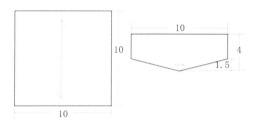

图 3-197　有袋盖贴袋款式设计图　　　图 3-198　有袋盖贴袋结构设计图（单位：cm）

有袋盖贴袋的缝制工艺步骤如下。

①分别裁剪袋布和袋盖布，袋口缝份为 4cm，其他缝份为 1cm，袋口和袋盖布反面烫黏合衬。

②缝合袋盖面和袋盖里，将袋盖布正面相对，沿着净样平缝一周，修剪袋盖布的缝份和尖角，如图 3-199 所示。

③缉缝袋盖，将袋盖翻转到正面烫平，袋盖里向内缩进 0.1cm，在袋盖面缉 0.1cm 明线，如图 3-200 所示。

图 3-199　缝合袋盖面和袋盖里　　　图 3-200　缉缝袋盖

④包边缝袋口，袋口缝份向内包边烫 2cm，再平缝固定。操作方法请参考直角贴袋。

⑤固定贴袋，将熨烫好的袋布先用大头针固定在衣片口袋位置，然后从左边距边缘 0.1cm 缉一道明线，注意袋口的两端需要打回针固定，如图 3-201 所示。

⑥固定袋盖，将袋盖反面朝上，对准袋盖缝制标记点，平缝一道线，再将缝份修剪至 0.2cm，再将袋盖折向袋布口，用熨斗三维熨烫平服，沿缝合线边缘 0.3cm 处缉一道明线，如图 3-202 所示。

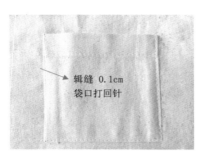

图 3-201　固定贴袋

图 3-202　安装袋盖

⑦扣烫缝份，在袋布反面放置一块净样纸板，袋布的缝份向扣烫 1cm。操作方法请参考直角贴袋。

5. 装饰边贴袋

装饰边贴袋款式设计图见图 3-203，装饰边贴袋结构设计图见图 3-204。

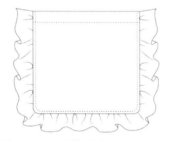

图 3-203　装饰边贴袋款式设计图

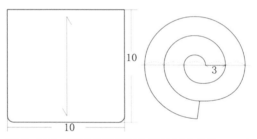

图 3-204　装饰边贴袋结构设计图（单位：cm）

装饰边贴袋的缝制工艺步骤如下。

①分别裁剪装饰边和袋布，袋口缝份为 4cm，袋布其他部分缝份为 1cm。

②包缝装饰边，将装饰边的外边缘向内包缝 0.5cm，如图 3-205 所示。

③扣烫缝份，袋口缝份向内扣烫 1cm。操作方法请参考圆角贴袋。

④缝合装饰边和袋布，将装饰边与袋布正面相对，沿着需要装饰边的一周缝制，袋布缝份为 1cm，装饰边缝份为 0.5cm。再将装饰边翻折到正面，将缝份熨烫倒向袋布，如图 3-206 所示。

图 3-205　包缝装饰边

图 3-206　翻折到正面并熨烫

⑤固定贴袋，将熨烫好的袋布先用大头针固定在衣片口袋位置，如图 3-207 所示。然后从左边距边缘 0.1cm 缉一道明线，注意袋口的两端需要打回针固定，如图 3-208 所示。

图 3-207　固定贴袋

图 3-208　口袋缉明线

二、插袋缝制工艺

1. 侧直插袋

侧直插袋款式设计图见图 3-209，侧直插袋结构设计图见图 3-210。

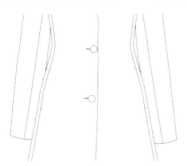

图 3-209　侧直插袋款式设计图

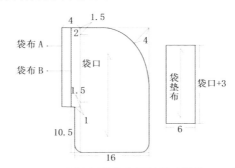

图 3-210　侧直插袋结构设计图（单位：cm）

侧直插袋的缝制工艺步骤如下。

①分别裁剪袋布 A、袋布 B 和袋垫布，袋垫布反面烫黏合衬。

②缝合袋垫布和袋布，袋垫布内边缘向内扣烫 0.5cm，袋垫布反面与袋布 A 正面相对，沿边缘缉 0.1cm 明线，如图 3-211 所示。

③缝合袋布，袋布 A 和袋布 B 正面相对缝合，缝份为 0.2cm，袋布翻转到正面，烫平止口，袋布 A 向内缩进 0.1cm，然后沿着袋布边缘 0.3cm 车缝一周，两端分别车缝至距袋口 1.5cm，如图 3-212 所示。

④缝合袋布和衣片，将袋布 A 的袋口缝份向反面扣烫 1cm，再将袋布 A 与衣片正面相对，对准标记点，将袋布 B 与衣片缝合，缝份为 1cm，注意不要缝到袋布 A，在袋口两端的缝份处打剪口，如图 3-213 所示。

⑤熨烫袋布，将袋布翻转到衣片的反面，用熨斗烫平。

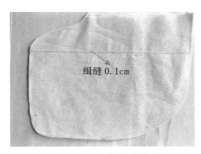

图 3-211 缝合袋垫布

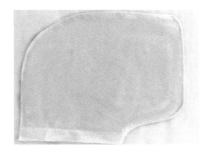

图 3-212 车缝袋布

⑥缝合前、后衣片，将前、后衣片正面相对缝合，缝份为 1cm，注意缝制到袋口处时，将袋布 A 一起缝制，并将缝份包缝处理。

⑦固定口袋止口，将袋布翻到衣片的反面熨平，在衣片正面袋口处打回针固定口袋止口，如图 3-214 所示。

图 3-213 缝合袋布与衣片

图 3-214 固定口袋止口

2. 侧斜插袋

侧斜插袋款式设计图见图 3-215，侧斜插袋结构设计图见图 3-216。

图 3-215 侧斜插袋款式设计图

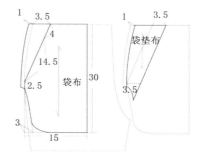

图 3-216 侧斜插袋结构设计图（单位：cm）

侧斜插袋的缝制工艺步骤如下。

①分别裁剪袋布和袋垫布，袋垫布反面烫黏合衬。

②缝合袋垫布和袋布，袋垫布内边缘向内扣烫 0.5cm，袋垫布反面与袋布 A 正面相对，沿边缘缉 0.1cm 明线，如图 3-217 所示。

③缝合袋布，袋布正面相对缝合，缝份为0.2cm。袋布翻转到正面，烫平止口，然后沿着袋布边缘0.3cm车缝一周，车缝至距袋口1.5cm，如图3-218所示。

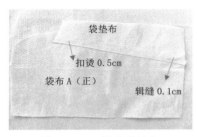

图3-217　缝合袋垫布

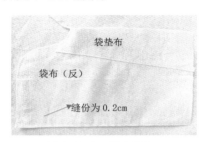

图3-218　缝合袋布

④缝合袋布和前裤片，将袋布与前裤片正面相对，沿袋口缝合，缝份为1cm。翻转到正面烫平，袋布向内缩进0.1cm，距止口处缉0.1cm明线，如图3-219所示。

⑤缝合前、后裤片，将前、后裤片正面相对缝合侧缝，缝份为1cm，注意缝制到袋口处时，将袋布一起缝制，并将缝份分开烫。

⑥缝合腰头，将袋口对准标记点缝合。

⑦将袋布翻到前片的反面熨平，在前片正面袋口处打回针固定袋口，如图3-220所示。

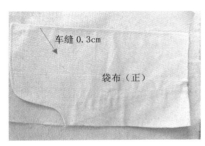

图3-219　车缝袋布

图3-220　熨烫口袋

三、挖袋缝制工艺

1. 单嵌线挖袋

单嵌线挖袋款式设计图见图3-221，单嵌线挖袋结构设计图见图3-222。

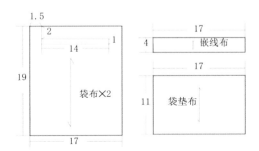

图3-221　单嵌线挖袋款式设计图

图3-222　单嵌线挖袋结构设计图（单位：cm）

单嵌线挖袋的缝制工艺步骤如下。

①分别裁剪衣片、袋布、嵌线布和袋垫布。

②确定开袋位，在衣片上确定开袋位，并在反面烫黏合衬。将嵌线布反面烫黏合衬，嵌线布正面朝外对折熨烫，在嵌线布连折边上画出袋口的形状，长度为 14cm，宽度为 1cm，左右对称，如图 3-223 所示。

③缝制袋口下缘线，将嵌线布连折边朝下，线 a 对准袋口的下缘线，如图 3-223 所示，按照口袋的长度缝制一道，注意两头打回针固定，如图 3-224 所示。

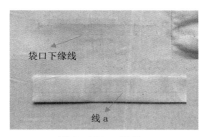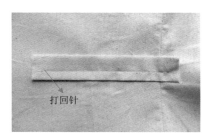

图 3-223　画袋口　　　　　　　　图 3-224　缝制袋口下缘线

④缝制袋垫布，将袋垫布反面与袋布 B 正面相对，上缘线对齐，袋垫布向内扣烫 1cm，缉 0.1cm 明线，其他边缘距边缘 0.5cm 大针距平缝一周固定，如图 3-225 所示。

⑤缝制袋口上缘线，袋布 B 反面朝上，线 b 对准袋口的上缘线，按照口袋的长度缝制一道，注意两头打回针固定，如图 3-226 所示。

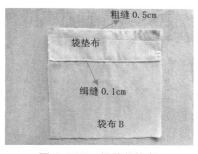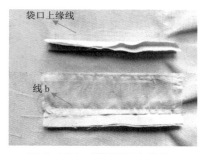

图 3-225　缉缝袋垫布　　　　　　图 3-226　缝制袋口上缘线

⑥开袋口，将袋口剪成图 3-227 所示，注意不要剪到缝线。

⑦固定小三角，将嵌线布和袋布 B 向衣片反面翻转，将两边的小三角缝合固定，如图 3-228 所示。

⑧缝合袋布，缝合袋布 A 和袋布 B，如图 3-229 所示。

⑨熨烫口袋，将口袋熨烫平整，如图 3-230 所示。

2. 双嵌线挖袋

双嵌线挖袋款式设计图见图 3-231，双嵌线挖袋结构设计图见图 3-232。

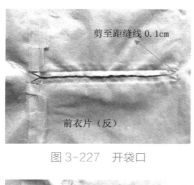

图 3-227　开袋口

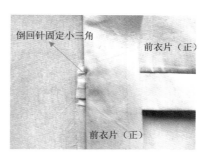

图 3-228　固定小三角

图 3-229　缝合袋布

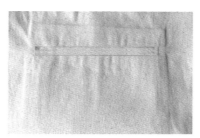

图 3-230　熨烫口袋

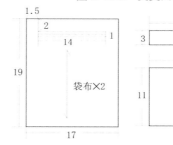

图 3-231　双嵌线挖袋款式设计图　　图 3-232　双嵌线挖袋结构设计图（单位：cm）

双嵌线挖袋的缝制工艺步骤如下。

①分别裁剪衣片、袋布、嵌线布和袋垫布。

②确定开袋位，在衣片上确定开袋位，并在反面烫黏合衬。

③固定袋布，将袋布 A 用大头针固定在衣片反面，注意袋布 A 高于袋位上缘 2cm，左右对称，如图 3-233 所示。

④分别将嵌线布反面烫黏合衬，嵌线布正面朝外对折熨烫，在嵌线布连折边上画出袋口的形状，长度为 14cm，宽度为 0.5cm，左右对称。

⑤缝制袋口上、下缘线，将嵌线布 A 连折边朝下，线 a 对准袋口的下缘线，按照口袋的长度缝制一道，注意两头打回针固定；将嵌线布 B 连折边朝下，线 b 对准袋口的下缘线，按照口袋的长度缝制一道，注意两头打回针固定，如图 3-234 所示。

⑥开袋口，将袋口剪成图 3-235 所示，注意不要剪到缝线。

⑦固定小三角，将嵌线布向衣片反面翻转，将两边的小三角缝合固定，如图 3-236 所示。

图 3-233　固定袋布

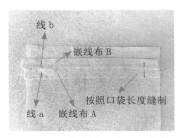

图 3-234　缝制袋口上、下缘线

图 3-235　剪袋口

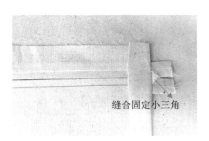

图 3-236　缝合小三角

⑧缝合袋垫布和袋布，将袋垫布反面与袋布 B 正面相对，上缘线对齐，袋垫布向内扣烫 1cm，缉 0.1cm 明线，其他边缘距边缘 0.5cm 大针距平缝一周固定，如图 3-237 所示。

⑨缝合袋布与嵌线布，将袋布 B 与嵌线布 B 的反面缝份缝合，注意对齐袋布 A 上下边缘，如图 3-238 所示。

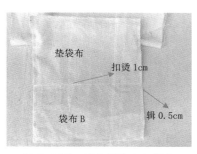

图 3-237　缝合袋垫布与袋布

图 3-238　缝合袋布与嵌线布

⑩缝合袋布，缝合袋布 A 和袋布 B，如图 3-239 所示。

⑪将口袋熨烫平整，如图 3-240 所示。

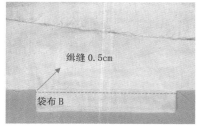

图 3-239　缝合袋布

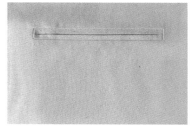

图 3-240　熨烫口袋

3. 有袋盖挖袋

有袋盖挖袋款式设计图见图 3-241，有袋盖挖袋结构设计图见图 3-242。

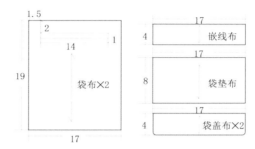

图 3-241　有袋盖挖袋款式设计图　　图 3-242　有袋盖挖袋结构设计图（单位：cm）

有袋盖挖袋的缝制工艺步骤。

①分别裁剪衣片、袋布、嵌线布和袋垫布。

②确定开袋位，在衣片上确定开袋位，并在反面烫黏合衬，如图 3-243 所示。

③缝制袋盖布，分别将袋盖布正面相对，沿着净样线车缝三周，缝份为 1cm，如图 3-244 所示。要求圆角缝制圆顺，然后将缝份修剪至 0.5cm，圆角修剪至 0.3cm，如图 3-245 所示。再将袋盖翻转至正面，袋盖里向外伸出 0.1cm 烫平，要求圆角熨烫圆顺平整，如图 3-246 所示。

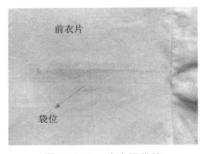

图 3-243　确定开袋位

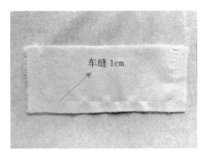

图 3-244　缝制袋盖布

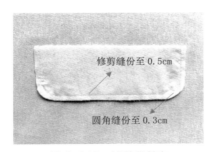

图 3-245　修剪袋盖布

图 3-246　熨烫袋盖

④缝制袋口上缘线，将嵌线布反面烫黏合衬，嵌线布正面朝外对折熨烫，在嵌线布连折边上画出袋口的形状，长度为 14cm，宽度为 1cm，左右对称。

⑤确定袋口下缘线，将嵌线布连折边朝下，线 a 对准袋口的下缘线，如图 3-247 所示。

⑥缝制袋口下缘线，按照口袋的长度缝制一道，注意两头打回针固定，如图 3-248 所示。

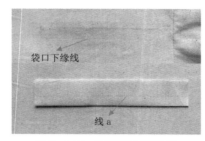

图 3-247　确定袋口下缘线

图 3-248　缝制袋口下缘线

⑦缝合袋垫布和袋布，将袋垫布反面与袋布 B 正面相对，上缘线对齐，袋垫布向内扣烫 1cm，缉 0.1cm 明线，如图 3-249 所示，其他边缘距边缘 0.5cm 大针距平缝一周固定。

⑧缝制袋口下缘线，袋布 B 反面朝上，将袋盖夹在衣片与袋布，线 b 和袋盖净样线对准袋口的上缘线，中间按照口袋的长度缝制一道，注意两头打回针固定，如图 3-250 所示。

图 3-249　缉缝袋垫布

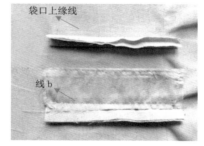

图 3-250　缝制袋口上缘线

⑨开袋口，将袋口剪成图 3-251 所示，注意不要剪到缝线。

⑩固定小三角，将嵌线布和袋布 B 向衣片反面翻转，袋盖留在衣片正面，按照图 3-252 所示将两边的小三角缝合固定。

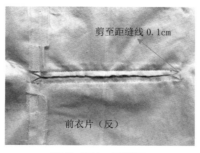

图 3-251　开袋口

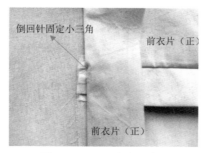

图 3-252　固定小三角

⑪缝合袋布，缝合袋布 A 和袋布 B，如图 3-253 所示。

⑫熨烫口袋，将口袋熨烫平整，如图 3-254 所示。

图 3-253　缝制袋布

图 3-254　熨烫口袋

第四节　门襟缝制工艺

门襟指上衣前门襟和裤子门襟，功能上是为了方便人体穿脱和肢体活动而设计的。通常门襟在缝制过程中需要与拉链、纽扣、暗扣、搭扣或魔术贴等辅料进行搭配。日常服装中的衬衫开合处，以及裤子朝前正中从腰部到前裆部的开衩装上拉链或纽扣也称为门襟。本节将对衬衫明门襟、衬衫暗门襟和裤子门襟三个部位的缝制工艺进行详细介绍。

一、衬衫明门襟缝制工艺

衬衫明门襟款式设计图见图 3-255，衬衫明门襟结构设计图见图 3-256。

图 3-255　衬衫明门襟款式设计图

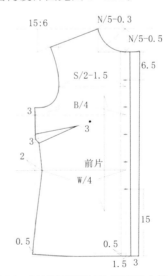

图 3-256　衬衫明门襟结构设计图（单位：cm）

衬衫明门襟的缝制工艺步骤如下。

①分别裁剪左右衣片，缝份为 1cm，门襟反面烫黏合衬。

②扣烫门、里襟，门襟止口线向反面扣烫 1cm，如图 3-257（a）所示，再向反面扣烫 3cm，如图 3-257（b）所示。

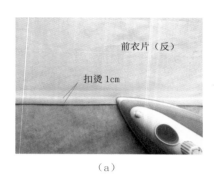
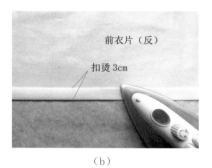

（a）   （b）

图 3-257　扣烫门、里襟

③缉缝门、里襟，将扣烫完成的门、里襟距折边 0.1cm 车缝固定。

④分别在左右衣片缝制纽扣和锁纽眼，如图 3-258、图 3-259 所示。

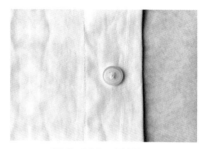
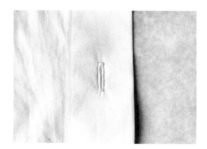

图 3-258　钉纽扣　　　　　　　图 3-259　锁纽眼

二、衬衫暗门襟缝制工艺

衬衫暗门襟款式设计图见图 3-260，衬衫暗门襟结构设计图见图 3-261。

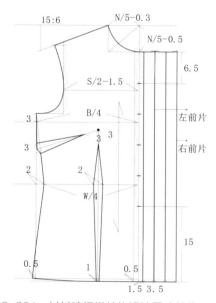

图 3-260　衬衫暗门襟款式设计图　　图 3-261　衬衫暗门襟结构设计图（单位：cm）

衬衫暗门襟的缝制工艺步骤如下。

①分别裁剪左右衣片，缝份为 1cm，门襟反面烫黏合衬。

②扣烫右衣片门襟，右衣片门襟向反面扣烫 1cm，再向反面扣烫 3.5cm，如图 3-262（a）所示。右衣片门襟向正面翻烫 3.5cm，再沿着门襟止口线向反面翻烫 3.5cm，如图 3-262（b）所示。

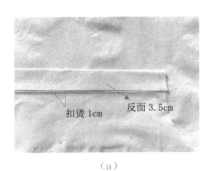
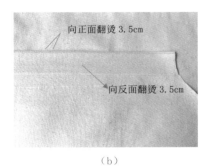

（a）　　　　　　　　　　　　　　　　（b）

图 3-262　扣烫门襟

③沿着折边车缝 0.1cm 固定门襟，如图 2-263 所示。将门襟翻折到正面，并熨烫门襟，如图 3-264 所示。

④左门襟按照普通门襟的缝制工艺缝制完成。

⑤右门襟按照纽位锁纽眼，左门襟按照纽位缝制纽扣。

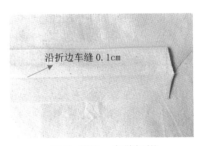

图 3-263　车缝门襟　　　　　　　　图 3-264　熨烫门襟

三、裤子门襟缝制工艺

裤子门襟款式设计图见图 3-265，裤子门襟结构设计图见图 3-266。

裤子门襟的缝制工艺步骤如下。

①分别裁剪裤片、腰头、袋布、门襟、里襟等裁片。

②先缝合侧缝、侧缝袋、下裆线等部分。

③分别将门襟和里襟烫黏合衬，缝份拷边。

④缝制门襟，将左前裤片与门襟正面相对，沿着裆缝缝合到前裆缝开口止点，缝份为 0.8cm，如图 3-267 所示。

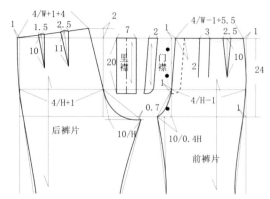

图 3-265　裤子门襟款式设计图　　　　图 3-266　裤子门襟结构设计图（单位：cm）

⑤缝合裆缝，将左右裤片正面相对，沿着裆缝从后裆缝腰口缝合到前裆缝开口止点，注意对齐裆底缝。

⑥扣烫门襟，门襟翻转至左前裤片反面，距缝合线 0.1cm 处缉一道明线，并将门襟向左前裤片反面翻转，门襟向内缩进 0.1cm 烫平，如图 3-268 所示。

图 3-267　缝制门襟

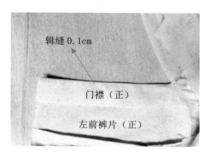

图 3-268　扣烫门襟

⑦缝制里襟，将里襟正面相对对折，在底部车缝 1cm 缝份，修剪缝份至 0.5cm，翻转到正面烫平，再将里襟的侧边双层一起拷边。

⑧缝制拉链和里襟，将拉链叠放在里襟上，拉链和里襟顶部对齐，距拷边缝 0.5cm 处车缝固定，如图 3-269 所示。右前裤片与里襟及拉链正面相对，从前裆缝腰口缝合至前裆缝开口止点处，缝份为 0.8cm，如图 3-270 所示。再将里襟及拉链翻转到右前裤片反面烫平，距缝合线 0.1cm 缉一道明线。

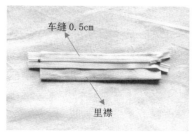

图 3-269　缝制里襟和拉链

⑨缝合门襟和拉链，将左、右前裤片放平，左前裤片裆缝盖住右前裤片裆缝 0.2cm 左右，并用大头针固定，翻转到反面，将拉链和门襟缝合固定，如图 3-271 所示。在拉链底部回针固定拉链、门襟和里襟，如图 3-272 所示。

⑩缉缝门襟线，在左前裤片门襟处缉明线至前裆缝开口止点处，如图 3-273 所示，整理门

襟烫平。

图 3-270　缝制右前裤片和里襟拉链

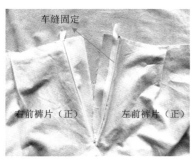

图 3-271　缝制门襟和拉链

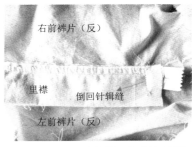

图 3-272　固定拉链、门襟和里襟

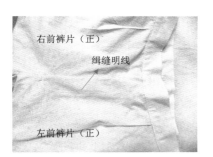

图 3-273　缉缝门襟线

第五节　开衩缝制工艺

　　衩是位于衣裙下摆或裤边的开口。衩常常是成双地开，较多地位于两侧，也有置于身前或背后的衩。服装的开衩设计既有便于活动的实用功能，也具有增强美感的美学功能，它是服装构成的一个重要因素。衩又分为假衩和真衩。假衩外观和真衩类似，例如西装的假袖衩看上去和真袖衩外观相同，但是不能掀开大小袖衩。开衩的部位和工艺十分重要，工艺欠缺的开衩会给人以廉价之感。本节将对袖叉缝制工艺、下摆开衩缝制工艺两个方面进行详细介绍。

一、袖衩缝制工艺

（一）衬衫袖衩缝制工艺

1. 直袖衩缝制工艺

直袖衩款式设计图见图 3-274，直袖衩结构设计图见图 3-275。

直袖衩的缝制工艺步骤如下。

①分别裁剪袖片和袖克夫，缝份为 1cm，袖克夫反面烫黏合衬。

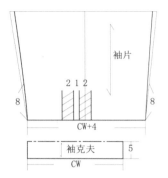

图 3-274　直袖衩款式设计图　　　图 3-275　直袖衩结构设计图（单位：cm）

②缝合袖侧缝，将袖片正面相对，缝合袖侧缝至袖衩处，倒回针固定，如图 3-276 所示。

③绲缝袖衩，缝份分开烫平，距折边 0.1cm 绲明线，袖衩顶端倒回针固定。如图 3-277 所示。

④固定袖口褶裥，将袖口褶裥按照标记折叠，并粗缝 0.8cm 固定。

⑤绱袖克夫，将缝制好的袖克夫夹住袖口缝份，沿着袖口距边缘绲 0.1cm 明线，如图 3-278 所示，再熨烫平整。

图 3-276　缝合袖侧缝

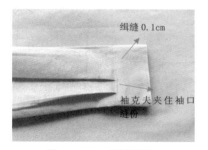

图 3-277　绲缝袖衩　　　　　图 3-278　缝袖克夫

2. 宝剑头袖衩缝制工艺

宝剑头袖衩款式设计图见图 3-279，宝剑头袖衩结构设计图见图 3-280。

宝剑头袖衩的缝制工艺步骤如下。

①分别裁剪袖片、袖克夫、大袖衩和小袖衩，缝份为 1cm，袖克夫反面烫黏合衬。

②剪袖衩，按照袖片标记的开衩位剪开袖衩。

③扣烫大、小袖衩，将大、小袖衩按照净样板向内扣烫，如图 3-281 所示。

④缝制小袖衩，袖片和小袖衩反面朝上，小袖衩对折线对准开衩位顶端，小袖衩按照净样

线车缝固定，对准开衩线剪开缝份。再将小袖衩翻转到正面包住袖衩一侧，距小袖衩折边 0.1cm 缉一道明线，如图 3-282 所示。

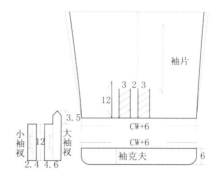

图 3-279　宝剑头袖衩款式设计图　　　图 3-280　宝剑头袖衩结构设计图（单位：cm）

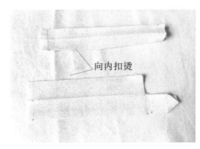

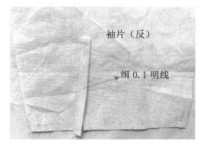

图 3-281　扣烫大、小袖衩　　　　　图 3-282　缝制小袖衩

⑤缝制大袖衩，袖片和大袖衩反面朝上，大袖衩按照图 3-283 对准开衩位顶端，大袖衩按照净样车缝到对折线，对准开衩线剪开缝份。

⑥缉缝大袖衩，将大袖衩翻转到正面包住袖衩另一侧，距大袖衩折边 0.1cm 缉一道明线，如图 3-284 所示。

⑦固定袖口褶裥，将袖口褶裥按照标记折叠，并粗缝 0.8cm 固定，如图 3-284 所示。

⑧绱袖克夫，将缝制好的袖克夫夹住袖口缝份，沿着袖口距边缘缉 0.1cm 明线，再熨烫平整，如图 3-285 所示。

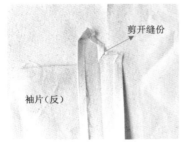

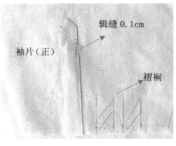

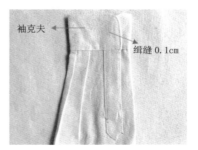

图 3-283　缝制大袖衩　　　图 3-284　大袖衩正面缉明线　　　图 3-285　绱袖克夫

（二）西装袖衩缝制工艺

1. 假袖衩缝制工艺

假袖衩款式设计图见图 3-286，假袖衩结构设计图见图 3-287。

图 3-286 假袖衩款式设计图

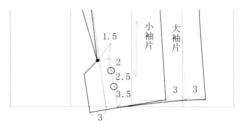

图 3-287 假袖衩结构设计图（单位：cm）

假袖衩的缝制工艺步骤如下。

①分别裁剪大、小袖片和袖里大、小袖片，袖口缝份为 4cm，其他缝份为 1cm。

②缝合外袖侧缝和袖衩，将大、小袖片正面相对，缝合外袖侧缝和袖衩，缝份为 1cm，修剪缝份，并在拐角处打剪口，如图 3-288 所示。

③熨烫袖侧缝和袖衩，将缝份分开烫平，如图 3-289 所示，袖衩缝份倒向大袖片。

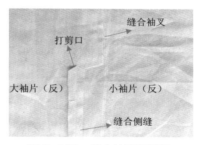

图 3-288 缝合袖衩和侧缝

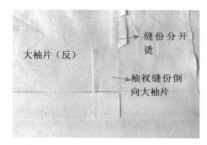

图 3-289 熨烫袖衩

④扣烫袖口，袖口向内扣烫 4cm，如图 3-290 所示。

⑤缝合内袖侧缝和袖衩，将大、小袖片正面相对，缝合内袖侧缝和袖衩，缝份为 1cm。

⑥缲三角针，用三角针将贴边固定在袖片反面。缲三角针的操作方法请参考图 3-7。

⑦熨烫袖子，翻转到正面烫平，如图 3-291 所示。

图 3-290 扣烫袖口

图 3-291 熨烫袖子

2. 真袖衩缝制工艺

真袖衩款式设计图见图 3-292，真袖衩结构设计图见图 3-293。

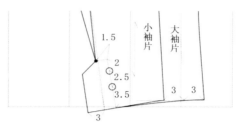

图 3-292　真袖衩款式设计图　　　图 3-293　真袖衩结构设计图（单位：cm）

真袖衩的缝制工艺步骤如下。

①分别裁剪大、小袖片和袖里大、小袖片，袖口缝份为 4cm，其他缝份为 1cm，袖口反面烫黏合衬。

②减去袖衩折边量，将大袖片袖衩减去多余的折边量，如图 3-294 所示。

③缝合内袖侧缝，将大、小袖片正面相对，缝合内袖侧缝，缝份为 1cm，缝份分开烫平，袖口向内扣烫 4cm。如图 3-295 所示。

图 3-294　减去袖衩折边量　　　　图 3-295　缝合内袖侧缝

④缝合大、小袖衩，将大、小袖衩正面相对，沿着折边缝合，小袖衩上口留 1cm 不缝合，缝份为 1cm。

⑤缝合袖侧缝，将袖里大、小袖片正面相对，缝合袖侧缝，在缝份拐角处打剪口，缝份分开烫平，如图 3-296 所示。

⑥缲三角针，用三角针将贴边固定在袖片反面。缲三角针的操作方法请参考图 3-7 所示。

⑦熨烫袖子，翻转到正面烫平，如图 3-297 所示。

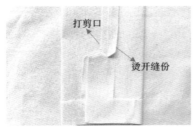

图 3-296　缝合袖侧缝　　　　　图 3-297　熨烫袖子

二、下摆开衩缝制工艺

1. 下摆侧开衩缝制工艺

下摆侧开衩款式设计图见图3-298，下摆侧开衩结构设计图见图3-299。

图3-298 下摆侧开衩款式设计图   图3-299 下摆侧开衩结构设计图（单位：cm）

下摆侧开衩的缝制工艺步骤如下。

①分别裁剪前、后衣片并拷边，缝份为1cm。

②缝合侧缝，将前、后衣片正面相对，沿着侧缝线缝合至开衩位止口，倒回针固定、缝份分开烫平，如图3-300所示。

③将缝份正面相对，折叠称相框边缘的形状并车缝固定，修剪尖角翻转到正面烫平。

④将下摆缝份向内扣烫1cm，距折边0.5cm缉一道明线，开衩位顶端倒回针固定，如图3-301所示。

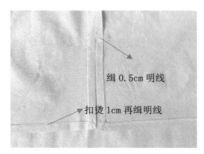

图3-300 缝合侧缝   图3-301 缉缝下摆和开衩位

2. 下摆后开衩缝制工艺

下摆侧开衩款式设计图见图3-302，下摆侧开衩结构设计图见图3-303。

下摆侧开衩的缝制工艺步骤如下。

①分别裁剪左、右后片并拷边，下摆缝份为4cm，后中缝份为1.5cm，其他缝份为1cm，右后衩位和下摆反面烫黏合衬。

图 3-302　下摆侧开衩款式设计图　　　图 3-303　下摆侧开衩结构设计图（单位：cm）

②分别裁剪左、右后片里，后中缝份为 1.5cm，后衩缝份为 1.3cm，下摆缝份为 1cm。

③缝合后中缝，将左、右后片正面相对缝合后中缝至后开衩止点，缝份分开烫平，如图 3-304 所示。

④翻烫下摆，下摆向反面翻烫 3cm，缲三角针固定在衣片反面，如图 3-305 所示。

⑤将左、右后片与左、右后片里正面相对，从开衩止点缝制至下摆折边，缝份为 1cm。

⑥将衣片翻转到正面，从衣片上端翻转至衣片下端，缝合开衩止点。

⑦将开衩处烫平，用三角针固定后开衩，如图 3-306 所示。

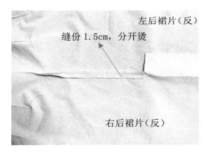
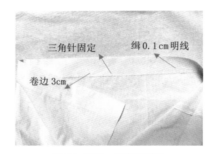

图 3-304　缝合后中缝　　　　　图 3-305　翻烫下摆　　　　　图 3-306　熨烫开衩处

第六节　拉链缝制工艺

拉链缝制在各类服装生产中是不可或缺的一道工艺，服装借助拉链拉合与拉开的功能，达到穿着便利和美观的效果，以及使用其牢固、安全的目的。但是在服装缝制的过程中，拉链缝制是一项标准要求高、技术难度较大的工艺，特别是全开门襟拉链缝制，更容易出现错位、高低、起浪、蛇行、止口宽窄等工艺问题。因此，学习和掌握拉链的缝制工艺是至关重要的。本节将从明拉链和隐形拉链两种类型来对拉链缝制工艺进行详细介绍。

一、明拉链缝制工艺

明拉链款式设计图见图 3-307，明拉链结构设计图见图 3-308。

明拉链的缝制工艺步骤如下。

①分别裁剪左、右前片和门襟贴边，缝份为 1cm。

左前片　右前片

图 3-307　明拉链款式设计图　　　图 3-308　明拉链结构设计图

②缝合拉链和衣片，分别将拉链和前片正面相对，距边 0.8cm 粗缝固定，如图 3-309 所示。

③缝合拉链和门襟贴边，将门襟贴边反面朝上，与拉链和前片从门襟顶端开始缝制至门襟底部，缝份为 1cm，注意缝合松紧适度，以免拉链不平整，如图 3-310 所示。

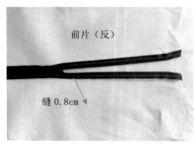

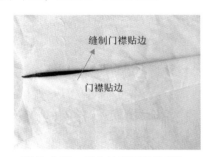

图 3-309　缝合拉链和衣片　　　图 3-310　缝合拉链和门襟贴边

④熨烫门襟，将门襟贴边翻转到反面，沿着缝份烫平前片和拉链，如图 3-311 所示。

⑤缉缝门襟，距缝合线 0.5cm 缉一道明线，如图 3-312 所示。

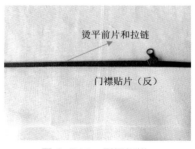

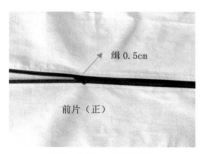

图 3-311　熨烫门襟　　　图 3-312　缉缝门襟

二、隐形拉链缝制工艺

隐形拉链款式设计图见图 3-313，隐形拉链结构设计图见图 3-314。

隐形拉链的缝制工艺步骤如下。

①分别裁剪左右前片和门襟贴边，缝份为 1cm。

②缝合后中缝，将后中缝从底部缝制至拉链止口，止口处倒回针固定。

左后片　20　右后片

图 3-313　隐形拉链款式设计图　　图 3-314　隐形拉链结构设计图（单位：cm）

③缝合拉链和左后片，将拉链拉开，拉链和左后片正面相对，用单边压脚缝制，缝份为0.8cm，如图 3-315 所示，注意在缝制时用手扒开隐形拉链的齿牙。

④缝合拉链和右后片，拉链和右后片的缝制与以上步骤相同。

⑤熨烫衣片，将衣片翻转到正面熨烫平整，且从正面看不到拉链齿为佳，如图 3-316 所示。

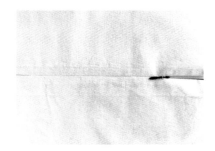

图 3-315　缝制拉链　　　　　图 3-316　熨烫衣片

第四章
服装成品缝制工艺

　　服装成品缝制工艺就是服装部件缝制工艺的综合运用，也就是将不同的衣片、袖片、领子等裁片进行加工缝合就成为了一件完整的服装成品。相比于服装部件缝制工艺流程，服装成品缝制工艺更加需要对缝制工艺严格把控。在面料裁剪时需注意裁片的比例和尺寸，在裁片缝制时需注意顺序和方法，在熨烫时需注意温度和手法。因此，任何一个环节的缝制失误都会影响服装成品整体效果。

　　一件完整的服装成品需要同时运用到手缝工艺和机缝工艺，服装缝制工艺根据不同的款式和材料会略有差别。初学者除了要掌握基础缝制工艺和服装部件缝制工艺之外，还需要熟练掌握、灵活运用所学内容，并将其应用于服装成品的缝制工艺中。本章介绍衬衫、女式西装、男式西装、西裤和一步裙的缝制工艺，主要从款式设计、结构设计、样板放缝和裁剪、缝制工艺步骤以及质检要求五个方面来具体讲解。

第一节　衬衫缝制工艺

　　衬衫分为男式衬衫和女式衬衫。男式衬衫主要分为合体型和休闲型衬衫，合体型衬衫一般和西装搭配穿着。休闲型衬衫则随意简单，一般适用于日常穿着。女式衬衫一般分为修身型和休闲型两大类，修身型女式衬衫，穿着合体、严谨，穿在外套内的一般会选择修身型衬衫。而休闲型衬衫，穿着宽松、随意，适合于直接以衬衫当为外衣穿着。

　　衬衫是服装成品缝制工艺中基础缝制工艺之一，也是对服装部件缝制工艺的巩固练习。本节介绍的休闲型衬衫，属于经典衬衣款式，穿着范围比较广泛，缝制工艺也较为基础，本节具体以女式休闲型衬衫为例，男式衬衫缝制工艺均可参考。

一、衬衫款式设计

1. 款式设计说明

　　该款式衬衫为休闲型，有领座衬衫领，门襟为内折车缝固定；前中设 6 个纽位，领口设 1 个纽位；不收前、后腰省和前胸省；后背设育克；长袖，袖口有两个褶裥，直袖衩；前短后长圆弧形下摆。

2. 着装效果图

　　图 4-1 为衬衫的着装效果图。

3. 平面款式设计图

图 4-2 为衬衫款式设计图。

图 4-1　衬衫着装效果图

图 4-2　衬衫款式设计图

二、衬衫结构设计

衬衫成品规格表见表 4-1。

表 4-1　衬衫成品规格表

号型：160/84A
　　　　　　　　　　　　　　　　　　　　　　　　　　　　　　　　单位：cm

部位	衣长（CL）	袖长（SL）	背长（NWL）	胸围（B）	腰围（W）	臀围（H）	肩宽（S）	袖窿深（AHL）	前胸宽（FW）	后背宽（BW）	领围（N）	袖克夫长/宽
尺寸	64	56	40	95	95	100	38	20	19	19.5	38	22.5/5

图 4-3 为衬衫结构设计图——衣身。图 4-4 为衬衫结构设计图——袖子、领子。

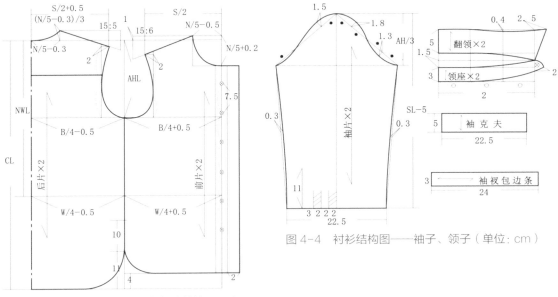

图 4-3　衬衫结构图——衣身（单位：cm）

图 4-4　衬衫结构图——袖子、领子（单位：cm）

三、衬衫样板放缝和裁剪

图4-5为衬衫样板放缝图。

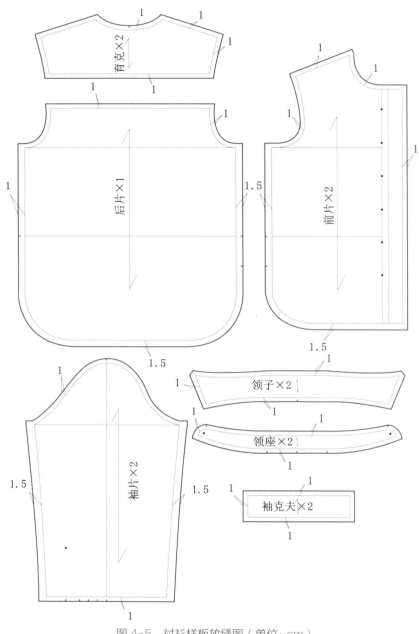

图4-5　衬衫样板放缝图（单位：cm）

图4-6为衬衫样板排料图。

图4-7为衬衫黏合衬排料图。

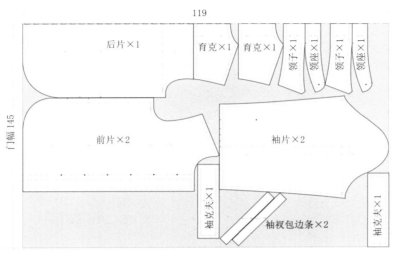

图 4-6　衬衫样板排料图（单位：cm）

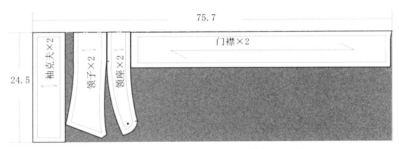

图 4-7　衬衫黏合衬排料图（单位：cm）

四、衬衫缝制工艺步骤

1. 缝制前准备

（1）面料。衬衫面料多采用精梳全棉面料，尺寸为 145cm×119cm，如图 4-8 所示。

（2）辅料。衬衫辅料主要包括：无纺黏合衬、衬衫纽扣 9 粒、同色缝纫棉线，如图 4-9 所示。

（3）调节缝纫机。衬衫缝制一般针距为 13 针 /3cm，调节底面线的松紧度。

图 4-8　衬衫面料

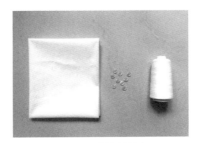

图 4-9　衬衫辅料

2. 裁剪衣片和黏合衬

裁剪面料之前先将面料进行预缩烫平，按照样板排料图将衣片平铺在面料反面，用划粉沿着样板边缘描画在面料反面，依次沿着描边裁剪衣片，裁剪要求边缘顺滑，不能出现毛边和锯齿形。衬衫裁片包括：前衣片2片、后衣片1片、育克2片、袖片2片、袖克夫4片、领子2片、领座2片、袖衩包边条2片，如图4-10所示。

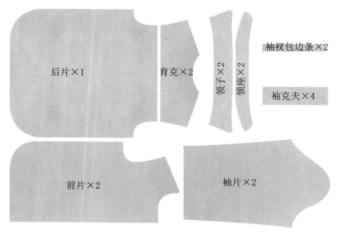

图4-10　衬衫面料裁剪图

按照黏合衬排料图，黏合衬裁片包括：门襟1片、里襟1片、领面1片、领里1片、领座面1片、领座里1片、袖克夫4片，如图4-11所示。

3. 烫黏合衬

衬衫烫衬部位有门襟、里襟、领面、领里、领座面、领座里、袖克夫，如图4-12所示。

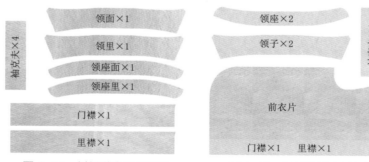

图4-11　衬衫黏合衬裁剪图　　　　图4-12　衬衫烫黏合衬部位

4. 打剪口

衬衫需要打剪口的有后中线、腰线、袖山高点、袖口褶裥、袖衩、下摆开衩止点、领子和领座对位点等部位，如图4-13所示。

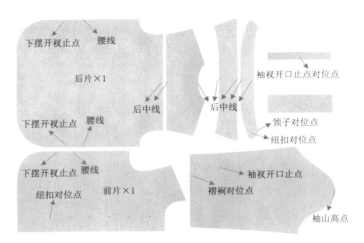

图 4-13 衬衫打剪口部位

5. 缝制门、里襟

（1）扣烫门、里襟。前衣片反面朝上，门、里襟先向内扣烫 1cm，如图 4-14（a）所示，再向内折边扣烫 2cm，如图 4-14（b）所示，要求门、里襟熨烫平服。

（2）缉缝门、里襟。将扣烫完成的门、里襟距折边 0.1cm 车缝固定，如图 4-15 所示。

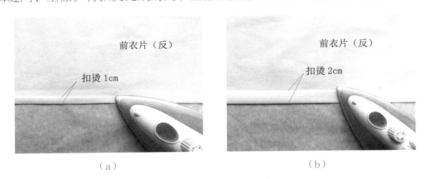

（a）　　　　　　　　　　　　　　（b）

图 4-14 扣烫门、里襟

6. 缝制育克

（1）缝合育克和后衣片。将后衣片夹在两片育克中间，后衣片正面朝上，育克面反面朝上，先用大头针临时固定缝份，沿着止口线车缝固定，缝份为 1cm，如图 4-16 所示。

图 4-15 缉制门、里襟

图 4-16 缝合育克和后衣片

133

（2）缉缝育克。将育克翻转至反面相对，缝份倒向育克方向熨烫平服，再距缝合线 0.1cm 处缉宽 0.5cm 的平行线，如图 4-17 所示。

7. 缝制肩缝

（1）缝合育克和前衣片。分别将育克里正面与前衣片反面相对，沿着肩缝缝合，缝份为 1cm，缝份倒向育克里方向熨烫平服，如图 4-18 所示。

图 4-17　缉制育克

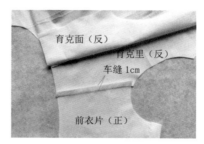

图 4-18　缝合育克和前衣片

（2）缉缝肩缝。将育克面肩缝向内扣烫 0.8cm，如图 4-19（a）所示，育克面覆在育克里与前衣片的缝合线上，距折边 0.1cm 处止口缉宽 0.5cm 的平行线，如图 4-19（b）所示。

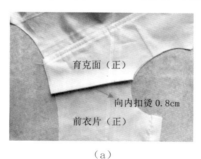

（a）

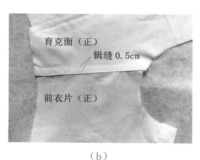

（b）

图 4-19　缉制肩缝

8. 缝制领子

（1）缝合领面和领里。将领面和领里正面相对，沿着领子净样线缝合，要求在领角处领面稍松，领里稍紧，使领角形成窝势，缝份为 1cm，如图 4-20 所示。修剪三周缝份至 0.5cm，修剪尖角缝份至 0.2cm。

（2）缉缝领子。将领子尖角缝份向内折叠，用镊子捏住尖角翻转至正面，其余缝份也翻转至正面，领里向内缩进 0.1cm 烫平，在距止口 0.1cm 缉一道明线，如图 4-21 所示。

图 4-20　缝合领面和领里

图 4-21　缉缝领子

9. 缝制领座

（1）扣烫领座。将领座里反面朝上，领座里下口线向内扣烫 0.8cm，如图 4-22 所示。

图 4-22　扣烫领座

（2）缝合领子和领座。将缝制好的领子夹在领座里和领座面中间，注意对准领子和领座的对位点，领面与领座面、领里与领座里正面相对缝合，缝份为 1cm，如图 4-23 所示。

（3）缉缝领座。修剪弧形缝份并打剪口，将领座翻转到正面，要求领座角弧线需翻到位，领座弧线圆顺，领子左右对称，再距缝合线 0.1cm 处缉一道明线固定，如图 4-24 所示。

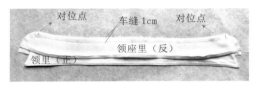

图 4-23　缝合领子和领座

图 4-24　缉缝领座

10. 绱领

（1）缝合衣片和领座。将衣片反面与领座面正面相对，沿着领圈缝合，注意对准领座和后中对位点、领座与左右肩缝对位点，缝份为 1cm。要求绱领的起止点必须与衣片的门、里襟对齐，领圈弧线不可拉长或起皱，如图 4-25 所示。

（2）绱领。将领座里扣烫止口覆在绱领缝合线上，先用大头针固定，注意对准领座和后中对位点、领座与左右肩缝对位点，距扣烫止口 0.1cm 缉一道明线。要求两侧接线处缝线不双轨，领座里处的领下缝线不超过 0.3cm，如图 4-26 所示。

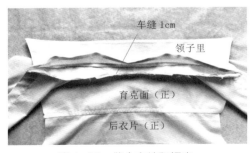

图 4-25　缝合衣片和领座

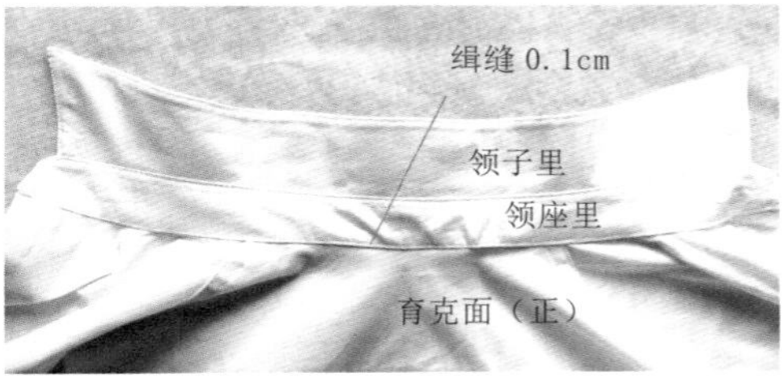

图 4-26　绱领

11. 缝制袖子

（1）缝制袖衩

①分别将袖衩包边条长边向内扣烫 1cm，并对折烫平，一侧缩进 0.1cm，如图 4-27 所示。

②沿着袖衩开衩位置剪开，如图 4-28 所示。

③将对折烫好的袖衩包边条包住袖衩开口，用手缝针疏缝袖衩包边条暂时固定，如图4-29所示。

缩进0.1cm

图4-27　扣烫袖衩包边条

袖片（正）

袖衩高+1cm

剪开

图4-28　剪袖衩

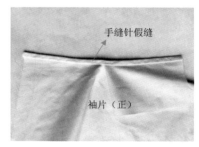

手缝针假缝

袖片（正）

图4-29　疏缝袖衩

④将袖片正面朝上，疏缝好的袖衩包边条距止口缉0.1cm一道明线固定。要求不露毛边，袖衩止点转角处平服，如图4-30所示。

⑤在袖衩止口反面回针缉缝三角固定，如图4-31所示。

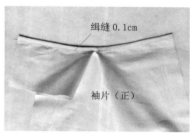

缉缝0.1cm

袖片（正）

图4-30　剪袖衩

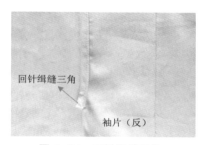

回针缉缝三角

袖片（反）

图4-31　回针缉缝三角

⑥将袖衩翻至正面，熨烫平服，如图4-32所示。

（2）固定褶裥。根据两个褶裥对位点向袖侧缝方向折叠褶裥，并车缝0.5cm固定，如图4-33所示。

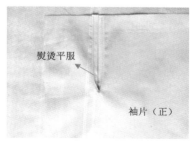

熨烫平服

袖片（正）

图4-32　熨烫袖衩

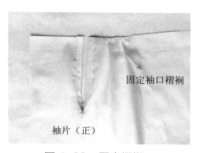

固定袖口褶裥

袖片（正）

图4-33　固定褶裥

12. 绱袖子

（1）缩缝袖山吃势。将针距调大，距袖窿弧缝份边缘0.7cm车缝，要求距离袖底点6～7cm不缝，注意两边留出足够长的线头，如图4-34所示。再将缝线两端的线头稍抽紧，并将袖山调整成窝状。调整缝线的松紧，使袖片的前后袖窿弧线与衣片的前后袖窿弧线的距离相等，如图4-35所示。

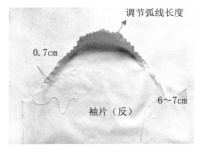

图4-34　缩缝袖山吃势

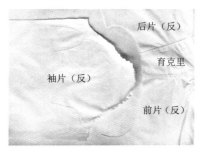

图4-35　调节袖山吃势

（2）绱袖子。将袖山高点与衣片肩点对齐、袖片袖底点与衣片袖底点对齐缝合，缝份为1cm，如图4-36所示。再将缝份拷边，缝份倒向衣片，如图4-37所示。

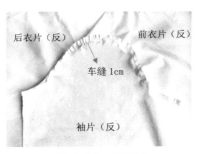

图4-36　绱袖子

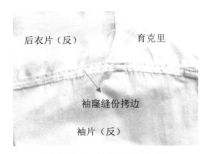

图4-37　袖窿缝份拷边

（3）缝合侧缝和袖底缝。将前衣片与后衣片正面相对，侧缝与袖底缝对齐缝合，注意对准腰部对位点、下摆开衩止口对位点，缝份1.5cm，如图4-38所示，缝份拷边并倒向后衣片烫平，如图4-39所示。

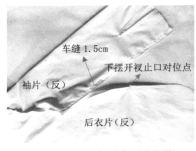

图4-38　缝合侧缝和袖底缝

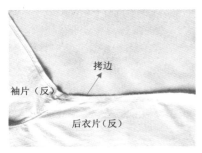

图4-39　侧缝和袖底缝拷边

13. 缝制袖克夫

（1）扣烫袖克夫。将袖克夫面上口线向反面扣烫0.8cm，如图4-40所示。

（2）缝制袖克夫。将袖克夫正面相对缝合三周，缝份为1cm，修剪尖角缝份至0.3cm，如图4-41所示。

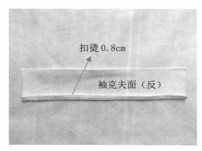

图4-40　扣烫袖克夫

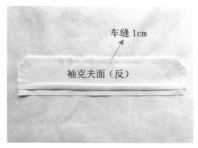

图4-41　缝制袖克夫

（3）翻烫袖克夫。将袖克夫翻至正面，整理熨烫，袖克夫里向内缩进0.1cm。如图4-42所示。

（4）缝合袖克夫和袖片。将袖克夫里与袖片正面相对缝合，先用假缝缝制一周，缝份为1cm，再按照净样线缝制一周，如图4-43所示。

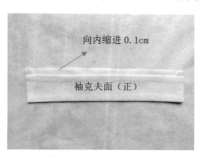

图4-42　扣烫袖克夫

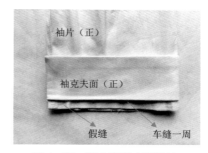

图4-43　缝合袖克夫和袖片

（5）缉缝袖克夫。将袖克夫面覆在袖克夫里与袖片的缝合线上，距止口线缉一道0.1cm明线，如图4-44所示。再将袖克夫三边缉一道0.1cm明线，如图4-45所示。

图4-44　缉缝袖克夫

图4-45　缉缝袖克夫

14. 缝制下摆开衩及底边

（1）折边烫下摆。将下摆向反面扣烫 0.5cm，再向反面折边 0.8cm，可以将净样板放在圆角处，使圆角更加圆顺。

（2）缉缝下摆。沿着下摆，距折边 0.5cm 缉一道明线，开衩止口拷边固定，如图 4-46 所示。

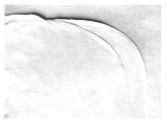

图 4-46　缝制下摆开衩及底边

15. 钉纽扣

在右前片门襟处的纽扣定位点、领座纽扣定位点、袖克夫纽扣定位点处钉纽扣，如图 4-47 所示。

16. 锁纽眼

在左前片门襟处的纽眼定位点、领座纽眼定位点、袖克夫纽眼定位点处锁纽眼，如图 4-48 所示。

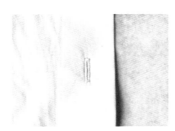

图 4-47　钉纽扣　　　　　图 4-48　锁纽眼

17. 整烫

在整烫开始前，先将衬衫的线头、划粉印记、污渍等清理干净，再进行整烫工序。

衬衫整烫的工艺流程为：烫衣领→烫袖子→烫前片→烫下摆→烫肩缝→烫侧缝→烫后片。在熨烫过程中，熨斗需直上直下进行熨烫，避免衬衫变形，衣领、袖衩、下摆部位需烫实、烫平，衣身表面无折皱，正面熨烫时需加盖烫布，防止烫黄、变色和产生"极光"。

图 4-49 为衬衫成品展示图，以女式衬衫为例，男式衬衫均可参考。

（a）正面　　　　　（b）反面

图 4-49　衬衫成品展示图

五、衬衫质检要求

根据《最新国家服装质量监督检验检测工作技术标准实施手册》部分摘录。

1. 衬衫外形检验

（1）门襟平挺，左右两边底摆外形一致，无搅豁。

（2）胸部挺满，省缝顺直，高低一致，省尖无泡形。

（3）不爬领、荡领，翘势应准确。

（4）前领丝绺正直，领面松紧适宜，左右两边丝绺需一致，领平服自然。

（5）两袖垂直，前后一致，长短相同，左右袖口大小一致，袖口宽窄左右相同。

（6）袖窿圆顺，吃势均匀，前后无吊紧曲皱。

（7）袖克夫平服，不拧不皱。

（8）肩头宽窄、左右一致，肩头平服，肩缝顺直，吃势均匀。

（9）背部平服，背缝挺直，左右格条或丝绺需对齐。

（10）摆缝顺直平服，松紧适宜。

（11）底摆平服顺直，卷边宽窄一致。

2. 衬衫缝制检验

（1）面料丝绺和倒顺毛原料一致，图案花型配合相适宜。

（2）面料与黏合衬黏合不应脱胶、不渗胶、不引起面料变色、不引起面料皱缩。

（3）钉扣平挺，结实牢固，不外露。纽扣与扣眼位置大小配合相适宜。

（4）机缝牢固、平整、宽窄适宜。

（5）各部位线路清晰、顺直，针迹密度一致。

（6）针迹密度：明线不少于 14 针 /3cm，暗线不少于 13 针 /3cm，手缲针不少于 7 针 /3cm，锁眼不少于 8 针 /1cm。

3. 衬衫规格检验

（1）衣长（后身长）：由后身中央装领线量至底摆，误差 ±10cm。

（2）前身长：由前身装领线与肩缝交叉点，经胸部最高点量至底摆，误差 ±10cm。

（3）肩宽：由左肩端点沿后身量至右肩端点，误差 ±1cm。

（4）全胸围：扣好纽扣，前后身摊平，沿袖窿底缝横量（周围计算），误差 ±20cm。

（5）袖长：由肩端点沿袖外侧量至袖口边，误差 ±1cm。

（6）袖口围：沿袖口边缘围量一周，误差 ±1cm。

4. 衬衫对条对格检验

（1）左右前身：条料对条、格料对横，互差不大于 0.3cm。

（2）袖与前身：袖肘线以上与前身格料对横，两袖互差不大于 0.5cm。

（3）袖缝：袖肘线以下与前后袖窿格料对横，互差不大于 0.3cm。

（4）背缝：条料对条、格料对横，互差不大于 0.2cm。

（5）背缝与后颈面：条料对条，互差不大于 0.2cm。

（6）领：领尖左右对称，互差不大于 0.2cm。

（7）侧缝：袖窿下 10cm 处，格料对横，互差不大于 0.3cm。

（8）袖：条格顺直，以袖山为准，两袖互差不大于 0.5cm。

5. 衬衫对称部位检验

（1）领尖大小：极限互差为 0.3cm。

（2）袖（左右、长短、大小）：极限互差为 0.5cm。

第二节　女式西装缝制工艺

西装的穿着效果大方简洁，端正挺阔，最早是男士在各种场合穿着的日常服装。现如今，西装并不单单是男士必备的时尚单品，也成为女性衣橱中必不可少的服装之一。女式西装是合体女上衣中的典型服装品种，往往用于各种正式的社交场合，端庄大方，简洁明快，近两年造型逐渐趋于时尚化，受众增加。西装的工艺步骤较衬衫来说，增加了里料和挂面等缝制工艺，口袋的工艺也较为复杂，在西装缝制的过程中需要对缝制流程有总的规划以及具备熟练的工艺技术。因此，学习和掌握女式西装的缝制工艺是极其重要的。本节以基础款的女式西装缝制为例系统阐述西装的具体缝制工艺。

一、女式西装款式设计

1. 款式设计说明

该款式女式西装为修身西装，双层关门领，领口较大，收腰四开身公主线分割；门襟设两粒扣，袖口开衩各设两粒扣；两片式合体袖；有带盖挖袋两个。

2. 着装效果图

图 4-50 为女式西装着装效果图。

3. 平面款式设计图

图 4-51 为女式西装款式设计图。

图 4-50 女式西装着装效果图

（a）正面　　　（b）反面

图 4-51 女式西装款式设计图

二、女式西装结构设计

女式西装成品规格表见表 4-2。

表 4-2　女式西装成品规格

号型：160/84A　　　　　　　　　　　　　　　　　　　　　　　　　　　　　单位：cm

部位	衣长（CL）	胸围（B）	腰围（W）	肩宽（S）	袖长（SL）	下摆围	袖口围（CW）	袖窿深（AHL）
尺寸	62	96	78	38	56	96	25	25

图 4-52 为女式西装结构设计图——衣身。

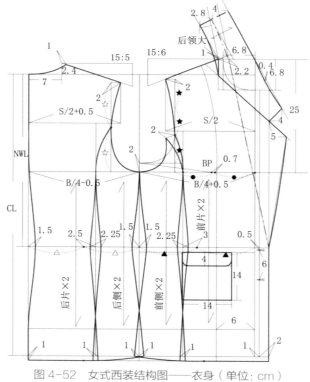

图 4-52　女式西装结构图——衣身（单位：cm）

图 4-53 为女式西装结构设计图——袖片。

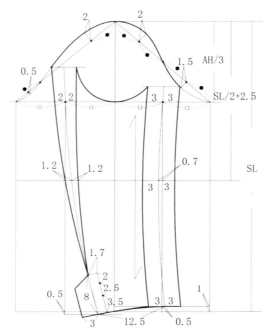

图 4-53　女式西装结构设计图——袖片（单位：cm）

三、女式西装样板放缝和裁剪

图 4-54 为女式西装样板面料放缝图。

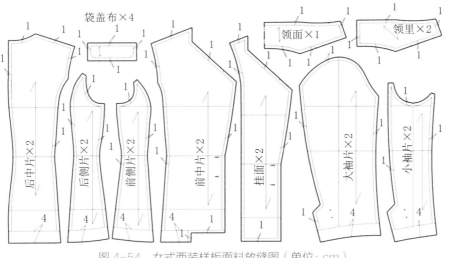

图 4-54　女式西装样板面料放缝图（单位：cm）

图 4-55 为女式西装样板里料放缝图。

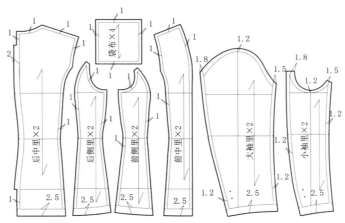

图 4-55 女式西装样板里料放缝图（单位：cm）

图 4-56 为女式西装样板面料排料图。

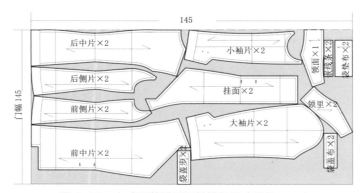

图 4-56 女式西装样板面料排料图（单位：cm）

图 4-57 为女式西装样板里料排料图。

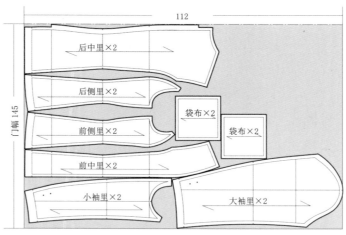

图 4-57 女式西装样板里料排料图（单位：cm）

图 4-58 为女式西装黏合衬排料图。

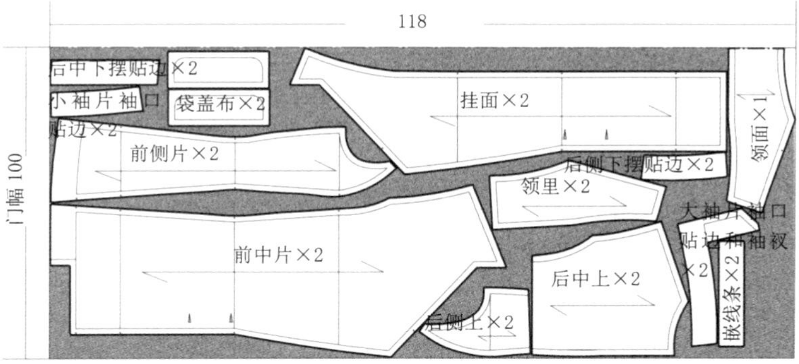

图 4-58　女式西装黏合衬排料图（单位：cm）

四、女式西装缝制工艺步骤

1. 缝制前准备

（1）面料。女式西装面料多采用全毛、毛涤混纺或化纤面料，以下样衣缝制以白坯布为例，尺寸为 145cm×145cm，如图 4-59 所示。

（2）辅料。女式西装辅料主要包括：里料，多采用涤丝纺、尼丝纺、醋酯纤维等，以下样衣缝制以白坯布为例，尺寸为 145cm×112cm；无纺黏合衬；门襟纽扣 2 粒，袖口纽扣 4 粒；同色缝纫涤纶线，如图 4-60 所示。

图 4-59　女式西装面料

图 4-60　女式西装辅料

（3）调节缝纫机。女式西装缝制一般针距为 13～15 针 /3cm，调节底面线的松紧度。

2. 裁剪衣片和黏合衬

裁剪面料之前先将面料进行预缩烫平，按照样板排料图将衣片平铺在面料反面，用划粉沿着样板边缘描画在面料反面，依次沿着描边裁剪衣片，裁剪要求边缘顺滑，不能出现毛边和锯齿形。女式西装面料裁片包括：前中片 2 片、前侧片 2 片、后侧片 2 片、后中片 2 片、挂面 2 片、小袖片 2 片、大袖片 2 片、领面 1 片、领里 2 片，如图 4-61 所示。里料裁片包括：前中里 2

片、前侧里2片、后侧里2片、后中里2片、大袖里2片、小袖里2片、袋布4片，如图4-62所示。

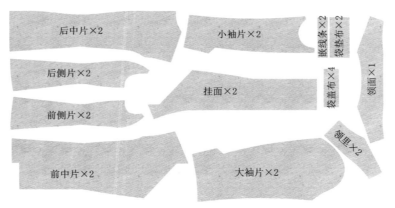

图4-61　女式西装面料裁剪图

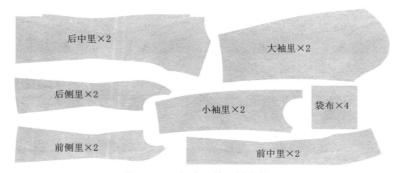

图4-62　女式西装里料裁剪图

按照黏合衬排料图，黏合衬裁片包括：前中片2片、前侧片2片、挂面2片、后中上2片、后侧片2片、后中下摆贴边2片、后侧下摆贴边2片、领面1片、领里2片、袋盖布4片、大袖片贴边和袖衩2片、小袖片贴边2片，如图4-63所示。

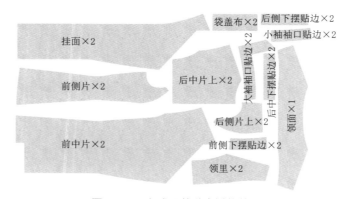

图4-63　女式西装黏合衬裁剪图

3. 烫黏合衬

女式西装烫衬部位有前中片、前侧片、挂面、后中上、后侧上、后中下摆贴边、后侧下摆贴边、领面、领里、嵌线条、袋盖布、大袖片贴边和袖衩、小袖片贴边等，如图4-64所示。

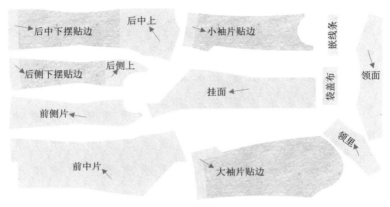

图4-64 女式西装烫黏合衬部位

4. 烫黏合牵条

为防止领口、袖窿、止口等部位拉伸变形，需烫黏合牵条。女式西装烫黏合牵条部位有前片驳领边缘和翻折线、后片领圈、前后片袖窿等，如图4-65所示。

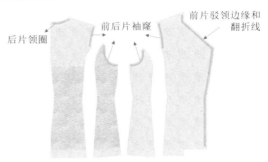

图4-65 女式西装烫黏合牵条部位

5. 打剪口

女式西装需要打剪口的有胸围线、腰线、臀围线、驳领翻折点、领子和衣片对位点、下摆贴边翻折点、大小袖片袖肘点、袖山高点、袖底点对等部位，如图4-66所示。

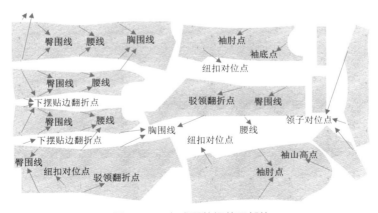

图4-66 女式西装打剪口部位

6. 缝合前、后衣片面布

（1）缝合前中片和前侧片。分别将前中片与前侧片正面相对，沿着公主线缝合，注意对准剪口对位点，两衣片松紧一致、力度均匀、弧线缝合圆顺。再将弧线和腰节线处的缝份打剪口，并将缝份分开烫，要求在胸部应归拢熨烫，在腰节处要拉伸熨烫，如图 4-67 所示。针对有条纹或格子等其他图案的面料，在缝合过程时应时刻检查缝合衣片的图案是否对齐和对称。

（2）缝合后中片和后侧片。分别将后中片与后侧片正面相对沿着公主线缝合，注意对准剪口对位点，两衣片松紧一致、力度均匀、弧线缝合圆顺。再将弧线和腰节线处的缝份打剪口，并分别将缝份分开烫，要求在肩胛处应归拢熨烫，在腰节处要拉伸熨烫，如图 4-68 所示。

（3）缝合后中片和后中片。将缝合好的两个后片正面相对沿着后中线缝合，注意对准剪口对位点，两衣片松紧一致、力度均匀、弧线缝合圆顺。再将弧线和腰节线处的缝份打剪口，并分别将缝份分开烫，要求在腰节处要拉伸熨烫，如图 4-69 所示。

图 4-67　缝合前中片和前侧片

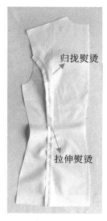
图 4-68　缝合后中片和后侧片

图 4-69　缝合后中片和后中片

7. 缝制有袋盖挖袋

（1）确定袋位。按照样板在前衣片确定出开袋的位置，要求左右衣片袋位对称，如图 4-70 所示。

（2）缝制袋盖布

①分别将袋盖布正面相对，沿着净样线车缝三周，缝份为 1cm，如图 4-71 所示。要求圆角缝制圆顺，然后将缝份修剪至 0.5cm，圆角修剪至 0.3cm，如图 4-72 所示。

②将袋盖翻转至正面，袋盖里向外伸出 0.1cm 烫平，要求圆角熨烫圆顺平整，如图 4-73 所示。

（3）缝制单嵌线挖袋

①将嵌线布连折边朝下，线 a 对准袋口的下缘线，如图 4-74 所示，按照口袋的长度缝制一

道，注意两头打回针固定如图 4-75 所示。

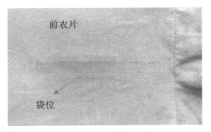

图 4-70　确定袋位

图 4-71　缝制袋盖布

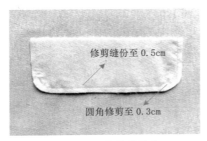

图 4-72　修剪袋盖布

图 4-73　熨烫袋盖布

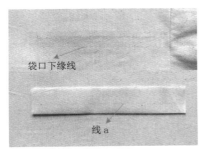

图 4-74　确定袋口下缘线

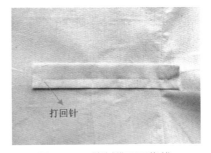

图 4-75　缝制袋口下缘线

②将袋垫布反面与袋布 B 正面相对，上缘线对齐，袋垫布向内扣烫 1cm，缉 0.1cm 明线，其他边缘距边缘 0.5cm 大针距平缝一周固定，如图 4-76 所示。

③袋布 B 反面朝上，将袋盖夹在衣片与袋布，线 b 和袋盖净样线对准袋口的上缘线，中间按照口袋的长度缝制一道，注意两头打回针固定，如图 4-77 所示。

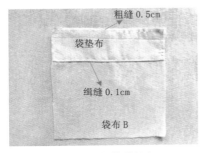

图 4-76　缉缝袋垫布

图 4-77　缝制袋口上缘线

④将袋口剪成如图 4-78 所示，注意不要剪到缝线。

⑤将嵌线布和袋布 B 向衣片反面翻转，袋盖留在衣片正面，按照如图 4-79 所示将两边的小三角缝合固定，注意回针加固。

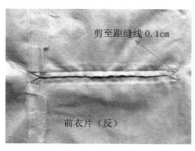

图 4-78 开袋口

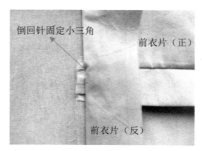

图 4-79 固定小三角

⑥缝合袋布 A 和袋布 B，如图 4-80 所示，翻转至正面，将口袋熨烫平整，如图 4-81 所示。

⑦另一侧口袋缝制工艺参照以上步骤。

图 4-80 缝制袋布

图 4-81 熨烫口袋

8. 缝合面布肩缝和侧缝

（1）缝合面布肩缝。分别将左右前后衣片面布正面相对，沿着肩缝缝合，缝份为 1cm，缝份分开烫，如图 4-82 所示。在缝合过程中，注意后肩中部需缩缝。

（2）缝合面布腰缝。分别将左右前后衣片面布正面相对，沿着侧缝缝合，缝份为 1cm，并将缝份分开烫，要求在腰节处要拉伸熨烫，如图 4-83 所示。在缝合过程中，注意对准腰节线的剪口对位点。

图 4-82 缝合面布肩缝

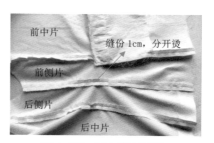

图 4-83 缝合面布腰缝

9. 缝制领子

（1）缝合领里。将领里正面相对，沿着后中线缝合，缝份为 1cm，并将缝份分开烫，如图 4-84 所示。

（2）缝合领里和领面。将领里和领面正面相对重叠，沿着净样线缝合三周，缝份为 0.8~1cm，修剪缝份至 0.5cm，领尖缝份尖角修剪至 0.2cm，如图 4-85 所示。

（3）烫领子。将领子翻转至正面，领里向内缩进 0.1cm 烫平，如图 4-86 所示。

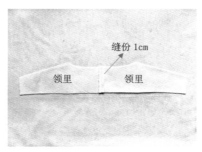

图 4-84　缝合领里

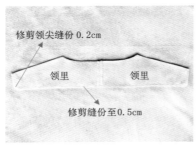

图 4-85　缝合领里和领面

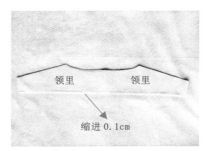

图 4-86　熨烫领子

10. 缝合前、后片里布

（1）缝合挂面和前中、侧片里。分别将挂面和前中、侧片里正面相对沿着缝份缝合，注意对准剪口对位点，两衣片松紧一致、力度均匀、弧线缝合圆顺。将缝份倒向前侧片里，要求在胸部应归拢熨烫，在腰节处要拉伸熨烫，如图 4-87 所示。

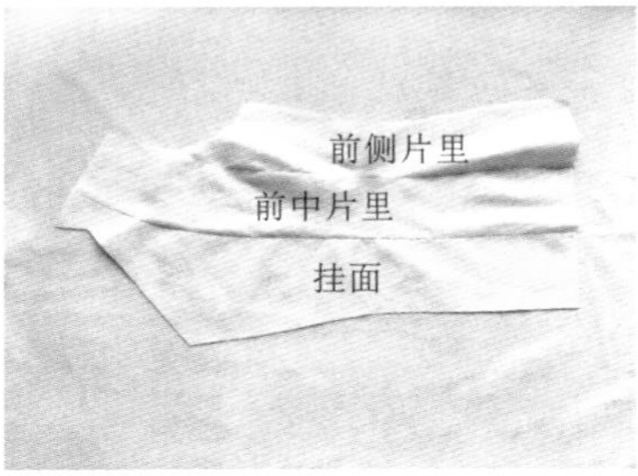

（2）缝合后中片里和后侧片里。分别将后中片里与后侧片里正面相对沿着公主线缝合，注意对准剪口对位点，两衣片松紧一致、力度均匀、弧线缝合圆顺。将缝份倒向后侧片里，要求在肩胛处应归拢熨烫，在腰节处要拉伸熨烫，如图 4-88 所示。

图 4-87　缝合挂面和前中片里

（3）缝合两个后中片里。将缝合好的两个后片正面相对沿着后中线缝合，注意对准剪口对位点，两衣片松紧一致、力度均匀、弧线缝合圆顺。将缝份倒向一侧烫平，如图 4-89 所示。

11. 缝合里布肩缝和侧缝

（1）缝合里布肩缝。分别将左右前后衣片里布正面相对，沿着肩缝缝合，缝份为 1cm，并将缝份倒向后衣片里烫平，如图 4-90 所示。

（2）缝合里布腰缝。分别将左右前后衣片面布正面相对，沿着侧缝缝合，缝份为1cm，并将缝份倒向后衣片里烫平，要求在腰节处要拉伸熨烫。在缝合过程中，注意对准腰节线的剪口对位点，如图4-91所示。

图4-88　缝合后中片里和后侧片里

图4-89　缝合两个后中片里

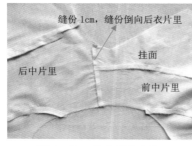

图4-90　缝合里布肩缝

图4-91　缝合里布腰缝

12. 缝合门襟止口

（1）缝合门襟止口。分别将挂面和前衣片正面相对，沿着门襟止口线从挂面底边缝制到装领点，缝份为1cm，注意对准翻折线剪口对位点，如图4-92所示。

（2）修剪门襟止口缝份。将缝份修剪至0.5cm，领子尖角处修剪至0.2cm，如图4-93所示。

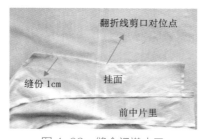

图4-92　缝合门襟止口

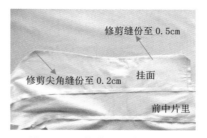

图4-93　修剪门襟止口缝份

13. 绱领子

（1）缝合领面和衣片面布。将领面和衣片面布正面相对，沿着领圈从左装领点缝制到右装领点，缝份为 1cm。在缝制过程中，缝制到转角处打剪口，注意对准后中线剪口对位点，如图 4-94 所示。

（2）缝合领里和衣片里布。将领里和衣片里布正面相对，沿着领圈从左装领点缝制到右装领点，缝份为 1cm。在缝制过程中，缝制到转角处打剪口，注意对准后中线剪口对位点，如图 4-94 所示。

（3）烫领子缝份。将缝制好的领子缝份圆弧处打剪口，并将缝份分开烫，如图 4-94 所示。

（4）烫领子。将领子翻转至正面，分别将领里、翻折点以上衣片面布、翻折线以下挂面向内缩进 0.1cm 烫平，如图 4-95 所示。

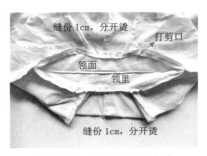
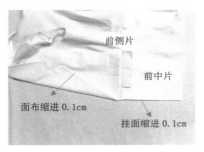

图 4-94　缝合领面和衣片　　　　图 4-95　烫领子

（5）缲领子。将领圈用疏缝针固定领子，如图 4-96 所示。

（6）缉缝领子、门襟止口。分别将领里、翻折点以上衣片面布、翻折线以下挂面距缝合线 0.1cm 缉一道明线，如图 4-97 所示。

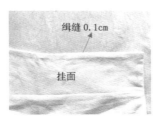

图 4-96　缲领子　　　　　　　图 4-97　缉缝门襟止口

14. 缝合袖子面布

（1）缝制大袖衩。将大袖片袖衩剪掉一个三角形（腰长为 7cm 的等腰直角三角形），然后将大袖片袖衩面布正面相对缝合，缝份为 1cm，再将袖衩翻转至正面烫平，如图 4-98 所示。

（2）缝制小袖衩。将小袖片袖衩袖口折边按净样线向面布正面折叠，并车缝至距之后 1cm 处，修剪尖角至 0.2cm，再将袖衩翻转至正面烫平，如图 4-99 所示。

（3）缝合大、小袖片

①缝合外袖缝。将大、小袖片正面相对，沿着外袖缝缝合至袖衩止口，缝份为 1cm，并将缝份分开烫，如图 4-100 所示。

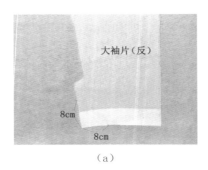

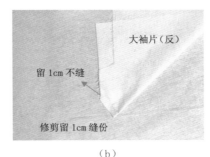

（a） （b）

图 4-98 缝制大袖衩

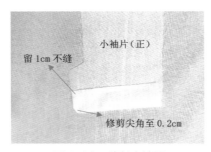

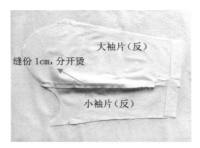

图 4-99 缝制小袖衩 图 4-100 缝合外袖缝

②缝合内袖缝。将大、小袖片正面相对，沿着内袖缝缝合至袖衩止口，缝份为 1cm，并将缝份分开烫。要求在大袖片的袖肘处要拉伸熨烫，如图 4-101 所示。

（4）烫袖口折边。将袖口折边按照净样线向面布反面扣烫 4cm，如图 4-102 所示。

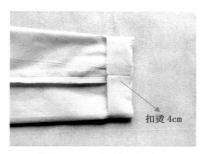

图 4-101 缝合内袖缝 图 4-102 烫袖口折边

15. 绱袖子

（1）缩缝袖山吃势。距袖山净样线 0.2cm，用细缝缩缝从前符合点到后符合点缝制两道缝线，拉紧两端的线头，调节袖山吃势，一般袖山高点两端的吃势量稍多，到前、后符合点会逐渐减小吃势量，如图 4-103 所示。

（2）绱袖子。先将衣身和袖子正面相对，沿着袖窿假

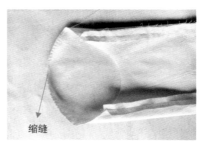

图 4-103 缩缝袖山吃势

缝一周，如图 4-104 所示，缝份为 0.8cm 左右，注意对准袖山高和袖底剪口对位点。再按照袖窿净样线缝制一周，缝份为 1cm，缝份倒向袖子，注意此处缝份不需要熨烫，如图 4-105 所示。

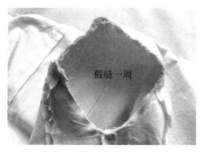
图 4-104　假缝袖窿

图 4-105　绱袖子

16. 缝合大、小袖片里布

缝合内、外袖缝。将大、小袖片正面相对，沿着内、外袖缝缝合，缝份为 1cm，缝份倒向小袖片里烫平，如图 4-106 所示。要求左袖内袖缝袖肘处留出 10cm 左右不缝合，以备用于翻膛，如图 4-107 所示。

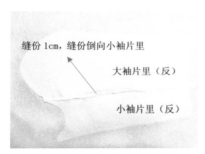
图 4-106　缝合里布外袖缝

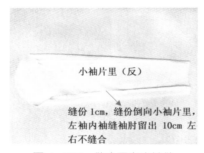
图 4-107　缝合里布内袖缝

17. 绱袖子里布

将衣身里布和袖子里布正面相对，沿着袖窿缝制一周，缝份为 1cm，如图 4-108 所示。

18. 缝合袖口

（1）缝合袖口面、里布。将袖口面、里布正面相对，沿着袖口缝制一周，缝份为 1cm，注意对准内、外袖缝线，如图 4-109 所示。

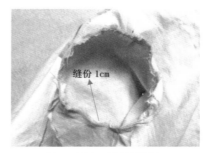
图 4-108　绱袖子里布

（2）扣烫袖口折边。将袖口折边向内折烫 4cm，袖口缝份缲三角针固定，如图 4-110 所示。

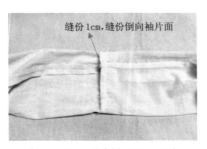

图 4-109　缝合袖口面、里布　　　　图 4-110　缲三角针固定袖口

19. 装垫肩

将垫肩直线边以袖山高为中点对其袖窿缝份，再按照如图 4-111 所示手针缝制固定。

图 4-111　装垫肩

20. 固定面、里布

用手缝工艺固定肩点、腋下点等部位，使里布不外脱。

21. 缝合下摆

（1）缝合下摆。将面、里布正面相对，沿着下摆缝合，缝份为 1cm，注意对准各个拼接线，如图 4-112 所示。

（2）扣烫下摆折边。将下摆贴边向内扣烫 4cm，下摆缝份缲三角针固定，如图 4-113 所示。

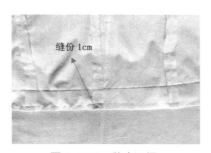

图 4-112　缝合下摆　　　　　　图 4-113　下摆缝份缲三角针

22. 翻膛

（1）将整件服装从左袖里留出的翻膛口翻出至正面。

（2）将左袖里的翻膛口缝份向内折，距边缘 0.1cm 车缝一道线固定，如图 4-114 所示。

23. 锁纽眼、钉纽扣

（1）用圆头锁纽眼机在右门襟纽眼位锁 2 个纽眼，注

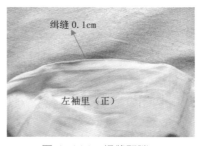

图 4-114　缉缝翻膛口

意使用同色线缝制。

（2）在左门襟和左、右袖衩纽位各钉2粒纽扣，为了使服装更加美观，缝线只需过单层面料。

24. 整烫

在整烫开始前，先将女式西装的线头、划粉印记、污渍等清理干净，再进行整烫工序。

女式西装整烫的工艺流程为：烫里布→烫驳头和领子→烫前片→烫门襟止口→烫侧缝→烫后片→烫下摆→烫肩缝→烫袖子。在熨烫过程中，熨斗需直上直下进行熨烫，避免西装变形，烫驳头和领子时，使驳头自然立体，用熨斗将翻折线以上2/3处熨烫平服，翻折线以下1/3处不烫。袖口、袖衩、门襟止口、下摆等部位需烫实、烫平，熨烫胸部、腰部和肩缝时，需要借助布馒头熨烫，衣身表面无褶皱，正面熨烫时需加盖烫布，防止烫黄、变色和产生"极光"。

图4-115为女式西装成品展示图。

 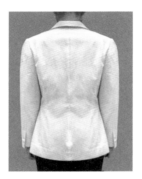

（a）正面　　　　　　　（b）反面

图4-115　女式西装成品展示图

五、女式西装质检要求

根据《最新国家服装质量监督检验检测工作技术标准实施手册》部分摘录。

1. 女式西装外形检验

（1）门襟平挺，左右两边底摆外形一致，无搅豁。

（2）胸部挺满，拼缝顺直。

（3）不爬领、荡领，翘势应准确。

（4）两袖微向前倾斜，前后一致，长短相同，左右袖口大小一致。

（5）袖窿圆顺，吃势均匀，前后无吊紧曲皱。

（6）袖衩长短一致，不拧不皱。

（7）肩头宽窄、左右一致，肩头饱满，肩缝顺直，吃势均匀。

（8）背部平服，背缝挺直，左右格条或丝绺需对齐。

（9）摆缝顺直平服，松紧适宜。

（10）底摆平服顺直，卷边宽窄一致。

2. 女式西装缝制检验

（1）面料丝绺和倒顺毛原料一致，图案花型配合相适宜。

（2）面料与黏合衬黏合不应脱胶、不渗胶、不引起面料变色、不引起面料皱缩。

（3）钉扣平挺，结实牢固，不外露，纽扣与扣眼位置大小配合相适宜。

（4）机缝牢固、平整、宽窄适宜。

（5）各部位线路清晰、顺直，针迹密度一致。

（6）针迹密度：明线不少于 14 针 /3cm，暗线不少于 13 针 /3cm，手缲针不少于 7 针 /3cm，锁眼不少于 8 针 /1cm。

3. 女式西装规格检验

（1）衣长（后身长）：由后身中央装领线量至底摆，误差 ±1cm。

（2）前身长：由前身装领线与肩缝交叉点，经胸部最高点量至底摆，误差 ±10cm。

（3）肩宽：由左肩端点沿后身量至右肩端点，误差 ±1cm。

（4）全胸围：扣好纽扣，前后身摊平，沿袖窿底缝横量（周围计算），误差 ±2cm。

（5）袖长：由肩端点沿袖外侧量至袖口边，误差 ±1cm。

（6）袖口围：沿袖口边缘围量一周，误差 ±1cm。

4. 女式西装对条对格检验

（1）左右前身：条料对条、格料对横，互差不大于 0.3cm。

（2）袖与前身：袖肘线以上与前身格料对横，两袖互差不大于 0.5cm。

（3）袖缝：袖肘线以下与前后袖窿格料对横，互差不大于 0.3cm。

（4）背缝：条料对条、格料对横，互差不大于 0.2cm。

（5）背缝与后颈面：条料对条，互差不大于 0.2cm。

（6）领：领尖左右对称，互差不大于 0.2cm。

（7）侧缝：袖窿下 10cm 处，格料对横，互差不大于 0.3cm。

（8）袖：条格顺直，以袖山为准，两袖互差不大于 0.5cm。

5. 女式西装对称部位检验

（1）驳领大小：极限互差为 0.3cm。

（2）袖（左右、长短、大小）：极限互差为 0.5cm。

第三节　男式西装缝制工艺

从广义的角度，西装是西式服装，是相对于"中式服装"而言的欧系服装；狭义上是指西式上装或西式套装。西装通常是企业从业人员、商务场合男士的着装首选。男式西装作为男性经典服饰之一，很重要的原因是它拥有深厚的文化内涵。"西装革履"常用来形容文质彬彬的绅士俊男。外观挺括、线条流畅，现代西装款式多样，造型逐步趋于时尚化，受众增加，广泛适用于各种社交场合。男式西装与女式西装相比，多了收省、手巾袋等缝制工艺，口袋的工艺也较为复杂，在男士西装的缝制过程中需要对缝制流程有详尽的规划和熟练的缝制工艺。因此，学习和掌握男式西装的缝制工艺是极其重要的。本节将从基础款的男式西装缝制来系统阐述西装的具体缝制工艺。

一、男式西装款式设计

1. 款式设计说明

该款式为男式西装的基本型，平驳头；门襟设两粒扣，袖口开衩各设两粒扣；两片式合体袖；有带盖挖袋两个。

2. 着装效果图

图 4-116 为男式西装着装效果图。

3. 款式设计图

图 4-117 为男式西装款式设计图。

图 4-116　男式西装着装效果图

图 4-117　男式西装款式设计图

二、男式西装结构设计

男式西装成品规格表见表 4-3。

表 4-3　男式西装成品规格表

号型：170/88Y　　　　　　　　　　　　　　　　　　　　　　　　　　　　　　单位：cm

部位	衣长（CL）	胸围（B）	腰围（W）	背长（NWL）	袖长（SL）	袖口围（CW）	袖窿深（AHL）
尺寸	74	88+20（放松量）=108	74+18（放松量）=92	42	60	32	24.2

图 4-118 为男式西装结构设计图——衣身。

图 4-119 为男式西装结构设计图——袖片。

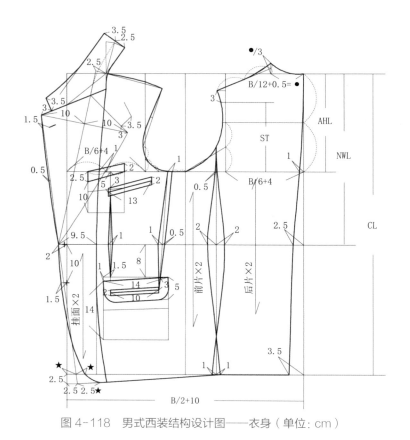

图 4-118　男式西装结构设计图——衣身（单位：cm）

图 4-119　男式西装结构设计图——袖片（单位：cm）

三、男式西装样板放缝和裁剪

图 4-120 为男式西装样板面料放缝图。

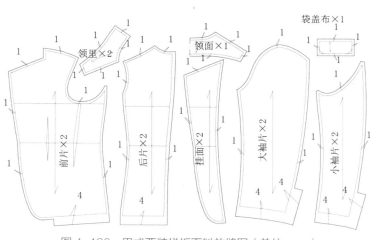

图 4-120　男式西装样板面料放缝图（单位：cm）

图 4-121 为男式西装样板里料放缝。

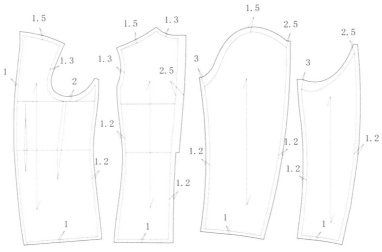

图 4-121　男式西装样板里料放缝（单位：cm）

图 4-122 为男式西装样板面料排料图。

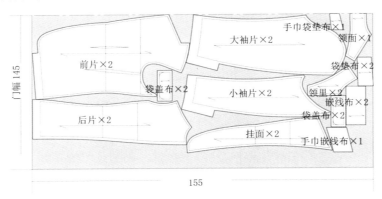

图 4-122　男式西装样板面料排料图（单位：cm）

图 4-123 为男式西装样板里料排料图。

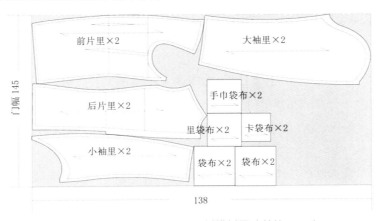

图 4-123　男式西装样板里料排料图（单位：cm）

图4-124为男式西装样板黏合衬排料图。

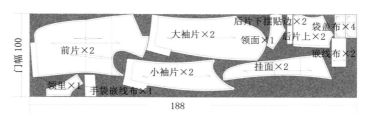

图4-124　男式西装样板黏合衬排料图（单位：cm）

四、男式西装缝制工艺步骤

1. 缝制前准备

（1）面料。男式西装面料多采用全毛、毛涤混纺或化纤面料，以下样衣缝制以白坯布为例，尺寸为145cm×145cm，如图4-125所示。

（2）辅料。男式西装辅料主要包括：里料，多采用涤丝纺、尼丝纺、醋酯纤维等，以下样衣缝制以白坯布为例，尺寸为145cm×112cm；无纺黏合衬；门襟纽扣2粒，袖口纽扣四粒；同色缝纫涤纶线，如图4-126所示。

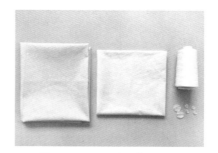

图4-125　男式西装面料　　　　图4-126　男式西装辅料

（3）调节缝纫机。男式西装一般针距为14～16针/3cm，调节底面线的松紧度。

2. 裁剪衣片和黏合衬

裁剪面料之前先将面料进行预缩烫平，按照样板排料图将衣片平铺在面料反面，用划粉沿着样板边缘描画在面反面，依次沿着描边裁剪衣片，裁剪要求边缘顺滑，不能出现毛边和锯齿形。男式西装面料裁片包括：前片2片、后片2片、挂面2片、大袖片2片、小袖片2片、领面1片、领里1片、袋垫布2片、袋盖面4片、手巾袋板嵌线布1片、手巾袋垫布1片，如图4-127所示。里料裁片包括：前片2片、后片2片、大袖片2片、小袖片2片、袋布里袋布4片、手巾袋布2片、卡袋布2片，如图4-128所示。

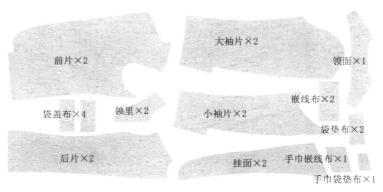

图4-127　男式西装样板面料裁剪图

图4-128　男式西装样板里料裁剪图

　　按照黏合衬排料图，黏合衬裁片包括：前片2片、挂面2片、后片上2片、后片下摆贴边2片、领面1片、领里2片、袋盖布2片、大袖片2片、小袖片2片，如图4-129所示。

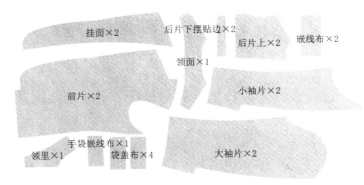

图4-129　男式西装样板黏合衬裁剪图

3. 烫黏合衬

　　男式西装烫衬部位有前片、挂面、领面、领里、后片上端、后片下摆、大袖口贴边、小袖口贴边。

4. 烫黏合牵条

　　为防止领口、袖窿、止口等部位拉伸变形，需烫黏合牵条。男式西装烫黏合牵条部位有前片驳领边缘和翻折线、后片领圈、前后片袖窿等，如图4-130所示。

5. 打剪口

男式西装需要打剪口的有胸围线、腰线、袖衩、驳领翻折点、领子和衣片对位点、下摆贴边翻折点、大小袖片袖肘对位点、袖山高点、袖底点对等部位，如图4-131所示。

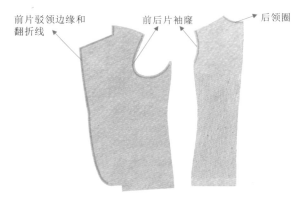

图4-130 男式西装烫黏合牵条

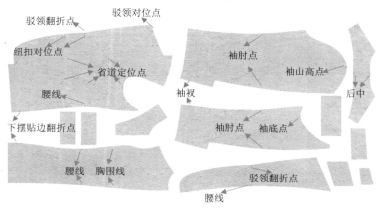

图4-131 男式西装打剪口部位

6. 前衣片面布收省

（1）剪开肚省，将肚省剪至腰节线处。

（2）车缝胸省，省道上部烫黏合衬，长于省尖1cm，宽2cm，缝线冲出省道，省尖缉尖，如图4-132所示。如果是条格面料，省道两侧的条格面料要对称。

（3）归拔衣片，利用熨斗热塑定型胸部、腰部、腹部、跨部，将衣片胸部隆起、腰部拔开吸进，驳头和袖窿处归拢，如图4-133所示。

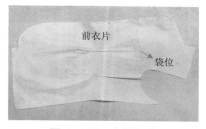

图4-132 车缝胸省

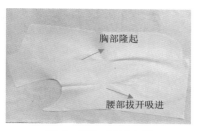

图4-133 归拔衣片

7. 缝制手巾袋

（1）在左前衣片上按线丁的位置画出袋位，如图 4-134 所示。

（2）将袋垫布反面与袋布 B 正面相对，上缘线对齐，袋垫布向内扣烫 1cm，缉 0.1cm 明线，其他边缘距边缘 0.5cm 大针距平缝一周固定，如图 4-135 所示。

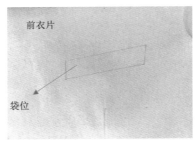

图 4-134　画袋位　　　　　　　　　图 4-135　缉缝袋垫布

（3）在袋位固定手巾袋板、袋布。将手巾袋板放在袋位线上与衣身缝合，手巾袋垫布一侧与手巾袋布 B 缝合，手巾袋垫布缉缝在袋位上方 1.5cm 处，缝合垫布时，袋口两端各缩进 0.2～0.3cm，以防脱线，如图 4-136 所示。

（4）在袋角两端剪三角，如图 4-137 所示。

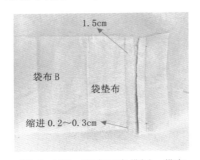

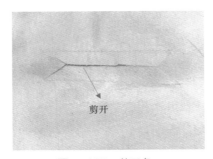

图 4-136　固定手巾袋板、袋布　　　　图 4-137　剪三角

（5）缝合 A、B 手巾袋布，缝份为 1cm，如图 4-138 所示。

（6）缝合手巾袋两端，手巾袋两端缉明线并整烫，如图 4-139 所示。

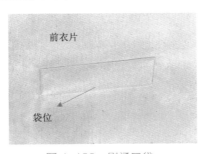

图 4-138　缝合 A、B 手巾袋布　　　　图 4-139　熨烫口袋

8. 缝制有袋盖挖袋

参照女式西装有袋盖挖袋工艺步骤。

9. 缝合面布背缝

缝合面布背缝，将两片后衣片反面对齐缝合，缝份为1cm，用熨斗归烫后背上部外弧量，拔出腰节部分内弧量，如图4-140所示。

10. 缝合面布侧缝和肩缝

（1）缝合面布侧缝。分别将左右前后衣片面布正面相对，沿着侧缝缝合，缝份为1cm，并将缝份分开烫，要求在腰节处要拉伸熨烫，如图4-141所示。在缝合过程中，注意对准腰节线的剪口对位点。

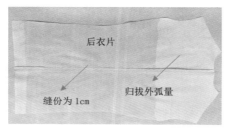

图4-140　缝合面布背缝　　　　　图4-141　缝合面布侧缝

（2）缝合面布肩缝。分别将左右前后衣片面布正面相对，沿着肩缝缝合，缝份为1cm，缝份分开烫，如图4-142所示。在缝合过程中，注意后肩中部需缩缝。

11. 缝制领子

（1）缝合领里。将领里正面相对，沿着后中线缝合，缝份为1cm，并将缝份分开烫，如图4-143所示。

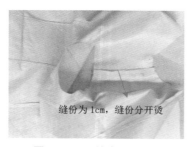

图4-142　缝合面布肩缝　　　　　图4-143　缝合领里

（2）缝合领里和领面。将领里和领面正面相对重叠，沿着净样线缝合三周，缝份为0.8～1cm，修剪缝份至 0.5cm，领尖缝份尖角修剪至 0.2cm，如图 4-144 所示。

（3）熨烫领子。将领子翻转至正面，领里向内缩进 0.1cm 烫平，如图 4-145 所示。

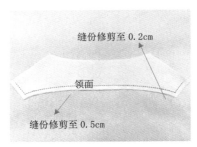
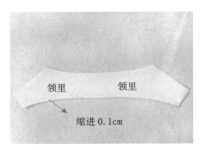

图 4-144　缝合领里和领面　　　　图 4-145　熨烫领子

12. 前衣片里布收省

缝合前衣片里布省道，车缝省道，熨烫省尖缝，如图 4-146 所示。

13. 缝合后衣片里布

将两片后衣片反面相对缝合，缝份为 1cm，如图 4-147 所示。

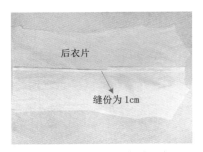

图 4-146　缝合前衣片里布省道　　　图 4-147　缝合后衣片里布

14. 缝合里布侧缝

分别将左右前后衣片面布正面相对，沿着侧缝缝合，缝份为 1cm，并将缝份倒向后片烫平，要求在腰节处要拉伸熨烫。在缝合过程中，注意对准腰节线的剪口对位点，如图 4-148 所示。

15. 缝合门襟止口

分别将挂面和前衣片正面相对，沿着门襟止口线从挂面底边缝制到装领点，缝份为 1cm，注意对准翻折线剪口对位点，修剪门襟止口缝份，将缝份修剪至 0.5cm，领子尖角处修剪至 0.2cm，如图 4-149 所示。

图 4-148　缝合里布侧缝

16. 缝合挂面和里布

（1）缝合挂面、里布。将里布放在挂面上，里布剪口、挂面剪口对齐，缝份为1cm，如图4-150所示。

（2）熨烫缝份。衣片反面朝上，缝份倒向侧缝。

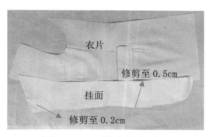

图4-149 缝合门襟止口

图4-150 缝合挂面、里布

17. 缝制里袋

请参考第三章第三节中双嵌线挖袋的缝制工艺。

18. 绱领子

（1）缝合领面和衣片面布。将领面和衣片面布正面相对，沿着领圈从左装领点缝制到右装领点，缝份为1cm，在缝制过程中，缝制到转角处打剪口，注意对准后中线剪口对位点，如图4-151所示。

（2）缝合领里和衣片里布。将领里和衣片里布正面相对，沿着领圈从左装领点缝制到右装领点，缝份为1cm，在缝制过程中，缝制到转角处打剪口，注意对准后中线剪口对位点，如图4-151所示。

（3）烫领子缝份。将缝制好的领子缝份圆弧处打剪口，并将缝份分开烫，如图4-151所示。

（4）熨烫领子。将领子翻转至正面，分别将领里、翻折点以上衣片面布、翻折线以下挂面向内缩进0.1cm烫平，如图4-152所示。

（5）缉缝领子、门襟止口。分别将领里、翻折点以上衣片面布、翻折线以下挂面距缝合线0.1cm缉一道明线，如图4-152所示。

图4-151 缝合领面和衣片

图4-152 熨烫领子

19. 缝合袖子面布

（1）缝制大袖衩。将大袖片袖衩剪掉一个三角形（腰长为 7cm 的等腰直角三角形），然后将大袖片袖衩面布正面相对缝合，缝份为 1cm，再将袖衩翻转至正面烫平，如图 4-153 所示。

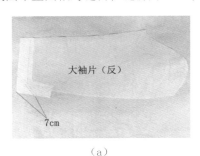

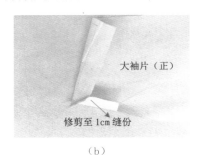

（a）   （b）

图 4-153　缝制大袖衩

（2）缝制小袖衩。将小袖片袖衩袖口折边按净样线向面布正面折叠，并车缝至距止口 1cm 处，修剪尖角至 0.2cm，再将袖衩翻转至正面烫平，如图 4-154 所示。

图 4-154　缝制小袖衩

（3）缝合大、小袖片。

①缝合外袖缝。将大、小袖片正面相对，沿着外袖缝缝合至袖衩止口，缝份为 1cm，并将缝份分开烫，如图 4-155 所示。

②缝合内袖缝。将大、小袖片正面相对，沿着内袖缝缝合至袖衩止口，缝份为 1cm，并将缝份分开烫。要求在大袖片的袖肘处要拉伸熨烫，如图 4-156 所示。

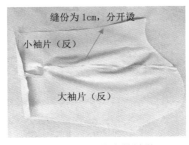

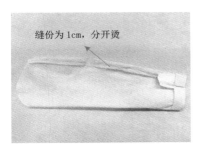

图 4-155　缝合外袖缝　　　　图 4-156　缝合内袖缝

（4）烫袖口折边。将袖口折边按照净样线向面布反面折烫 4cm。

20. 绱袖子

（1）缩缝袖山吃势。距袖山净样线 0.2cm，用细缝缩缝从前符合点到后符合点缝制两道缝线，拉紧两端的线头，调节袖山吃势，一般袖山高点两端的吃势量稍多，到前、后符合点会逐渐减小吃势量，如图 4-157 所示。

（2）绱袖子。先将衣身和袖子正面相对，沿着袖窿假缝一周，如图4-158所示，缝份为0.8cm左右，注意对准袖山高和袖底剪口对位点。再按照袖窿净样线缝制一周，缝份为1cm，缝份倒向袖子，注意此处缝份不需要熨烫。

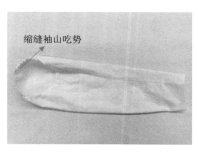
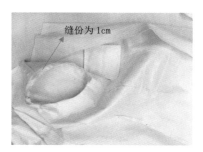

图4-157 缩缝袖山吃势　　　　　　图4-158 绱袖子

21. 缝合袖子里布

缝合内、外袖缝，将大、小袖片正面相对，沿着内、外袖缝缝合，缝份为1cm，缝份倒向小袖片烫平，要求左袖内袖缝的袖肘处留出10cm左右不缝合，以备用于翻膛，如图4-159所示。

22. 绱袖子里布

将衣身里布和袖子里布正面相对，沿着袖窿缝制一周，缝份为1cm，如图4-160所示。

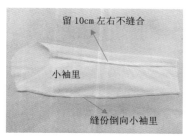

图4-159 缝合袖子里布　　　　　　图4-160 绱袖子里布

23. 缝合袖口

（1）缝合袖口面、里布。将袖口面、里布正面相对，沿着袖口缝制一周，缝份为1cm，注意对准内、外袖缝线，如图4-161所示。

（2）扣烫袖口折边。将袖口折边向内折烫4cm，袖口缝份缲三角针固定，如图4-161所示。

24. 装垫肩

将垫肩直线边以袖山高为中点对其袖窿缝份，再按照图4-162所示手针缝制固定。

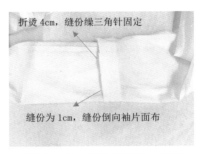
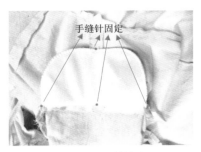

图 4-161　缝合袖口面、里布　　　　　图 4-162　装垫肩

25. 固定面、里布

用手缝工艺固定肩点、腋下点等部位，使里布不外脱。

26. 缝合下摆

（1）缝合下摆。将面、里布正面相对，沿着下摆缝合，缝份为 1cm，注意对准各个拼接线，如图 4-163 所示。

（2）扣烫下摆折边。将下摆贴边向内扣烫 4cm，下摆缝份缲三角针固定。

27. 翻膛

（1）将整件服装从左袖里留出的翻膛处翻出至正面。

（2）将左袖里的翻膛口缝份向内折，距边缘 0.1cm 车缝一道线固定，如图 4-164 所示。

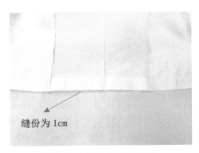
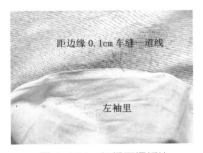

图 4-163　缝合下摆　　　　　　　图 4-164　扣烫下摆折边

28. 锁纽眼、钉纽扣

（1）用圆头锁纽眼机在右门襟纽眼位锁 2 个纽眼，注意使用同色线缝制。

（2）在门襟和左、右袖衩纽位钉各钉 2 粒纽扣，为了使服装更加美观，缝线只需过单层面料。

29. 整烫

在整烫开始前，先将西装的线头、划粉印记、污渍等清理干净，再进行整烫工序。

男式西装整烫的工艺流程为：烫里布→烫驳头和领子→烫前片→烫门襟止口→烫侧缝→烫后片→烫下摆→烫肩缝→烫袖子。在熨烫过程中，熨斗需直上直下进行熨烫，避免西装变形，烫驳头和领子时，使驳头自然立体，用熨斗将翻折线以上 2/3 处熨烫平服，翻折线以下 1/3 处不烫。袖口、袖衩、门襟止口、下摆等部位需烫实、烫平，熨烫胸部、腰部和肩缝时，需要借助布馒头熨烫，衣身表面无折皱，正面熨烫时需加盖烫布，防止烫黄、变色和产生"极光"。

图 4-165 为男式西装成品展示图。

图 4-165　男式西装成品展示图

五、男式西装质检要求

根据《最新国家服装质量监督检验检测工作技术标准实施手册》部分摘录。

1. 男式西装外形检验

（1）门襟平挺，左右两边底摆外形一致，无搅豁。

（2）胸部挺满，拼缝顺直。

（3）不爬领、荡领，翘势应准确。

（4）两袖微向前倾斜，前后一致，长短相同，左右袖口大小一致。

（5）袖窿圆顺，吃势均匀，前后无吊紧曲皱。

（6）袖衩长短一致，不拧不皱。

（7）肩头宽窄、左右一致，肩头饱满，肩缝顺直，吃势均匀。

（8）背部平服，背缝挺直，左右格条或丝绺需对齐。

（9）摆缝顺直平服，松紧适宜。

（10）底摆平服顺直，卷边宽窄一致。

2. 男式西装缝制检验

（1）面料丝绺和倒顺毛原料一致，图案花型配合相适宜。

（2）面料与黏合衬黏合不应脱胶、不渗胶、不引起面料变色、不引起面料皱缩。

（3）钉扣平挺，结实牢固，不外露，纽扣与扣眼位置大小配合相适宜。

（4）机缝牢固、平整、宽窄适宜。

（5）各部位线路清晰、顺直，针迹密度一致。

（6）针迹密度：明线不少于 14 针 /3cm，暗线不少于 13 针 /3cm，手缲针不少于 7 针 /3cm，锁眼不少于 8 针 /1cm。

3. 男式西装规格检验

（1）衣长（后身长）：由后身中央装领线量至底摆，误差 ±1cm。

（2）前身长：由前身装领线与肩缝交叉点，经胸部最高点量至底摆，误差 ±10cm。

（3）肩宽：由左肩端点沿后身量至右肩端点，误差 ±1cm。

（4）全胸围：扣好纽扣，前后身摊平，沿袖窿底缝横量（周围计算），误差 ±2cm。

（5）袖长：由肩端点沿袖外侧量至袖口边，误差 ±1cm。

（6）袖口围：沿袖口边缘围量一周，误差 ±1cm。

4. 男式西装对条对格检验

（1）左右前身：条料对条、格料对横，互差不大于 0.3cm。

（2）袖与前身：袖肘线以上与前身格料对横，两袖互差不大于 0.5cm。

（3）袖缝：袖肘线以下与前后袖窿格料对横，互差不大于 0.3cm。

（4）背缝：条料对条、格料对横，互差不大于 0.2cm。

（5）背缝与后颈面：条料对条，互差不大于 0.2cm。

（6）领：领尖左右对称，互差不大于 0.2cm。

（7）侧缝：袖窿下 10cm 处，格料对横，互差不大于 0.3cm。

（8）袖：条格顺直，以袖山为准，两袖互差不大于 0.5cm。

5. 男式西装对称部位检验

（1）驳领大小：极限互差为 0.3cm。

（2）袖（左右、长短、大小）：极限互差为 0.5cm。

第四节　西裤缝制工艺

西裤是一种最常穿的裤型。西裤一般指裤管有侧缝，穿着分前后，且与体型协调的裤子，主要与西装上衣配套穿着。一般裤口在 21～24cm，裤长至鞋面能遮住 2.5cm 为佳。由于西裤主要在办公室及社交场合穿着，所以在要求舒适自然的前提下，在造型上比较注意与形体的协调。笔直挺括的裤线为裤子增加了一条纵向的分割线，裁剪时放松量适中，给人以正直稳重的感觉。

西裤为春秋时装裤，是常与西服配套的下装，显示出合体、庄重的风格特征。穿着西裤能弥补体型不足，适合各个年龄阶段的人群穿着，有很强的实用性。本节将以女式西裤的具体缝制工艺为例进行系统详细的阐述，男式西裤缝制工艺均可参考。

一、西裤款式设计

1. 款式设计说明

该款西裤为宽松直筒裤，绱直型腰头；前中装拉链，前裤片各设一个褶裥，一个省道，后裤片各设两个省道；左右设直插袋。

2. 西裤着装效果图

图4-166为西裤的着装效果图。

3. 西裤款式设计图

图4-167为西裤款式设计图。

二、西裤结构设计

西裤成品规格表见表4-4。

图4-166　西裤
着装效果图

图4-167　西裤
款式设计图

表4-4　西裤成品规格表

号型：160/68A　　　　　　　　　　　　　　　　　　　　　　　　　　　单位：cm

部位	裤长（TL）	腰围（W）	臀围（H）	脚口	腰头宽
尺寸	100	68+2（放松量）=70	90+10（放松量）=100	42	3.5

图4-168为西裤结构设计图。

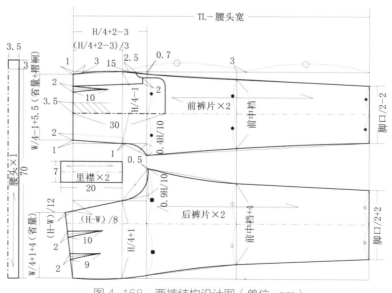

图4-168　西裤结构设计图（单位：cm）

三、西裤样板放缝和裁剪

图 4-169 为西裤样板放缝图。

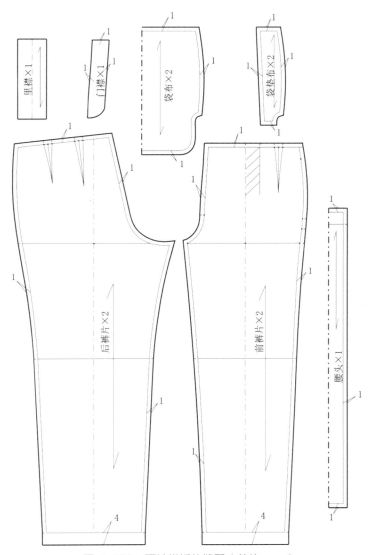

图 4-169　西裤样板放缝图（单位：cm）

图 4-170 为西裤面料排料图。

图 4-171 为西裤里料排料图。

图 4-172 为西裤黏合衬排料图。

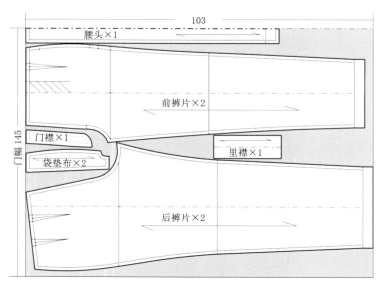

图 4-170　西裤面料排料图（单位：cm）

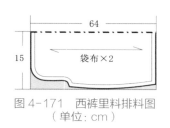

图 4-171　西裤里料排料图
（单位：cm）

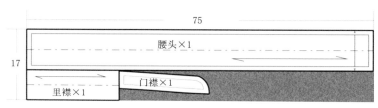

图 4-172　西裤黏合衬排料图（单位：cm）

四、西裤缝制工艺步骤

1. 缝制前准备

（1）面料。西裤面料多采用全毛、毛涤混纺或化纤面料，以下样衣缝制以白坯布为例，尺寸为 145cm×103cm，如图 4-173 所示。

（2）辅料。西裤辅料主要包括：里料，多采用涤丝纺、尼丝纺、醋酯纤维等，尺寸为 150cm×100cm；无纺黏合衬；裤门襟拉链一条；同色缝纫涤纶线，如图 4-174 所示。

图 4-173　西裤面料

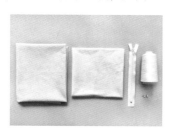

图 4-174　西裤辅料

2. 裁剪衣片和黏合衬

（1）裁剪面料之前先将面料进行预缩烫平，按照样板排料图将衣片平铺在面料反面，用划粉沿着样板边缘描画在面料反面，依次沿着描边裁剪衣片，裁剪要求边缘顺滑，不能出现毛边和锯齿形。西裤面料裁片包括：前裤片2片、后裤片2片、腰头1片、里襟2片、门襟1片、袋垫布2片，如图4-175所示。里料裁片包括：袋布2片，如图4-176所示。

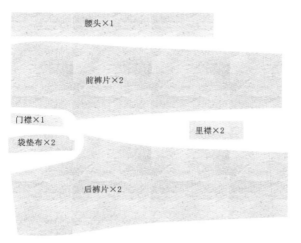

图4-175　西裤面料裁剪图　　　　　图4-176　西裤里料裁剪图

（2）按照黏合衬排料图，黏合衬裁片包括：腰头1片、里襟1片、门襟1片，如图4-177所示。

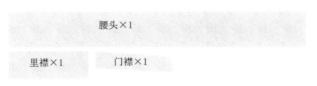

图4-177　西裤黏合衬裁剪图

3. 烫黏合衬

西裤烫衬部位有腰头、里襟、门襟、前裤口贴边和后裤口贴边等。

4. 打剪口

西裤需要打剪口的有臀围线、前、后腰省道、前裤片褶裥对位点、中裆线、脚口贴边、门襟对位点、直插袋对位点、腰头对位点等部位，如图4-178所示。

5. 锁边

在正式缝制前各裁片的边缘需锁边，需锁边的部位有后裤片除腰口，左前裤片除腰口和门襟处，右前裤片除腰口，袋垫布，门、里襟的里口和下口，袋垫布里口。

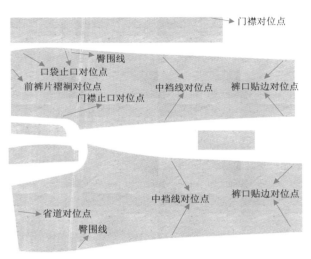

图4-178　西裤对位点部位

标注文字：
门襟对位点
臀围线
口袋止口对位点
前裤片褶裥对位点
门襟止口对位点
中档线对位点
裤口贴边对位点
省道对位点
臀围线
中档线对位点
裤口贴边对位点

6. 缝合后裤片省道

（1）缝制后裤片省道。将后裤片正面相对，沿着省中线从省跟缝至省尖，注意缝制省尖时多缝制几针，拉出3cm线头剪断，如图4-179所示。

（2）熨烫后裤片省道。将后裤片省道放平在布馒头上，省道往后裆方向烫倒，注意熨烫省道时面布上铺一块烫布，防止烫黄或烫出"极光"，如图4-180所示。

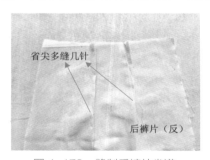

图4-179　缝制后裤片省道

标注文字：省尖多缝几针　后裤片（反）

图4-180　熨烫后裤片省道

标注文字：后裤片（正）

7. 缝合前裤片省道、褶裥

（1）缝制前裤片省道、褶裥。将前裤片正面相对，沿着省中线从省跟缝至省尖，注意缝制省尖时多缝制几针，拉出3cm线头剪断。将褶裥按照剪口对位点用大头针固定，褶裥向侧裤缝方向倒，车缝一道缝合褶裥，缝份为0.8cm，如图4-181所示。

（2）熨烫前裤片省道、褶裥。将后裤片省道放平在布馒头上，省道往后裆方向烫倒，注意熨烫省道时面布上铺一块烫布，防止烫黄或烫出"极光"。将前裤片褶裥放平在烫台上，用熨斗熨烫平服，如图4-182所示。

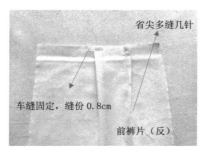

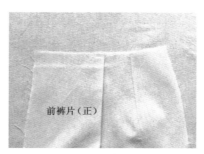

图 4-181　缝制前裤片省道、褶裥　　　图 4-182　熨烫前裤片省道、褶裥

8. 缝合侧裤缝

（1）缝合左右侧裤缝。分别将前、后裤片正面相对，从直插袋下封止点缝至脚口，缝份为1cm，如图 4-183 所示。

（2）熨烫左右侧裤缝。分别将裤片放平在布馒头上，缝份分开烫平，如图 4-184 所示。

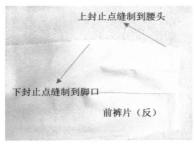

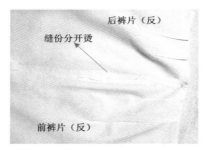

图 4-183　缝合左右侧裤缝　　　　　图 4-184　熨烫左右侧裤缝

9. 缝制侧缝袋

（1）缝制袋垫布。将袋垫布和袋布反面相对，右止口线重叠对齐，沿着袋垫布左止口线车缝将袋垫布固定在袋布上，如图 4-185 所示。

（2）缝合袋布。将袋布正面相对，沿着袋布底边净样线缝合，缝份为1cm，修剪缝份至0.5cm，如图 4-186 所示。

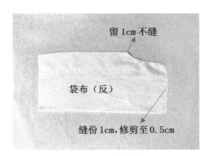

图 4-185　缝制袋垫布　　　　　　　图 4-186　缝合袋布

10. 装侧缝直袋

（1）缝合前裤片和袋布。将左前裤片正面和左袋布反面相对，从下封止点缝至上封止点。然后将袋布翻转至左裤片反面，袋布止口向内缩进 0.1cm 烫平，并缉缝 0.1cm 明线。再将上封止点和下封止点处倒回针固定袋口，如图 4-187 所示。右前裤片和袋布的缝制按照相同步骤操作即可。

（2）缝合后裤片和袋布。将后裤片正面和左袋布反面正面相对，从下封止点缝至上封止点。再将袋布翻转至左裤片反面，袋布止口向内缩进 0.1cm 烫平，如图 4-188 所示。右前裤片和袋布的缝制按照相同步骤操作即可。

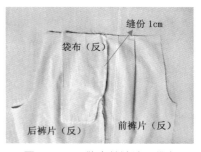

图 4-187　缝合前裤片和袋布

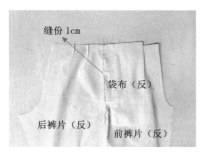

图 4-188　缝合后裤片和袋布

（3）缉缝固定侧缝直袋上、下封止口。将裤片翻至正面，分别在上、下封止口处倒回针固定。如图 4-189 所示。

11. 缝合内裤缝

（1）缝合内裤缝。将前、后裤片正面相对缝合，前裤片放在上层，后裤片放在下层，后裆下 10cm 处有一段略放吃势，其余部分松紧一致，缝份为 1cm。注意缝制左裤片从裆底缝至脚口，右裤片则从脚口缝至裆底缝。

（2）烫下裆线。将缝份分开烫平，如图 4-190 所示。

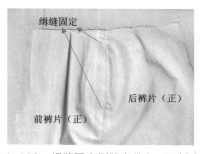

图 4-189　缉缝固定侧缝直袋上、下封止口

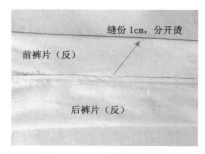

图 4-190　缝合内裤缝

12. 缝合前、后裆缝

（1）缝合前、后裆缝。将前后裤片正面相对，从门襟开口止点缝至后裤片腰口，缝份为

1cm，以防爆线，此处需缉双线增加牢度。

（2）熨烫前、后裆缝。将缝份放在布馒头上，缝份分开烫平，如图 4-191 所示。

13. 缝制门、里襟和拉链

（1）缝制门襟。将门襟与左前裤片正面相对，从门襟开口止点缝至前腰口，缝份为 1cm，如图 4-192 所示。

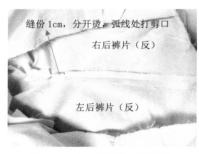 

图 4-191　熨烫前、后裆缝　　　　　　　图 4-192　缝制门襟

（2）缉缝门襟。将门襟向左前裤片反面折烫，门襟向内缩进 0.1cm，距止口线缉缝 0.1cm 一道明线，如图 4-193 所示。

（3）缝制里襟。将里襟正面相对对折，在底部车缝 1cm 缝份，修剪缝份至 0.5cm，翻转至正面烫平，再将里襟的侧边双层一起拷边。

（4）缝制里襟拉链。将拉链叠放在里襟上，拉链和里襟顶部对齐，距拷边缝 0.5cm 处车缝固定，如图 4-194 所示。

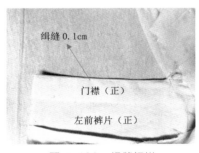 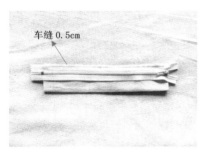

图 4-193　缉缝门襟　　　　　　　　图 4-194　缝制里襟拉链

（5）缝制右前裤片和里襟拉链。右前裤片与里襟及拉链正面相对，从前裆缝腰口缝至前裆缝开口止点处，缝份为 0.8cm，如图 4-195 所示。

（6）缝制门襟拉链。将左右前裤片放平，左前裤片裆缝盖住右前裤片裆缝 0.2cm 左右，并用大头针固定，翻转到反面，将拉链和门襟缝合固定，如图 4-196 所示。

（7）缉缝门襟。揭开里襟，在左前裤片门襟处按照样板图缉缝门襟，开口止点处倒回针固定，如图 4-197 所示。

（8）封小裆。将拉链底部回针3次左右固定拉链、门襟和里襟，如图4-198所示。

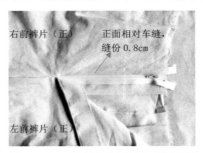

图4-195　缝制右前裤片和里襟拉链

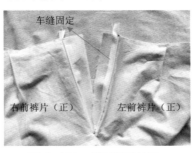

图4-196　缝制门襟拉链

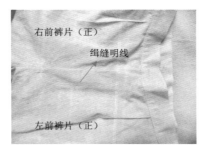

图4-197　缝制右前裤片和里襟拉链

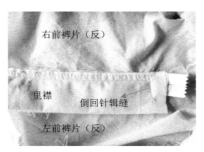

图4-198　缝制门襟拉链

（9）熨烫门、里襟和拉链。将裤片放平在烫台上，左前裤片盖住右前裤片0.2cm，用熨斗熨烫平服，如图4-199所示。

14. 缝制腰头

（1）缝制腰头。将腰头一侧长边向反面扣烫1cm，然后将腰头正面相对缝合两端，缝份为1cm，如图4-200所示。

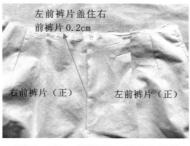

图4-199　熨烫门、里襟和拉链

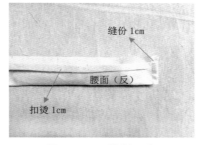

图4-200　缝制腰头

（2）烫腰头。将腰头翻转至正面烫平，如图4-201所示。

15. 绱腰头

（1）绱腰里。将右前裤片反面和腰里正面相对，从右前裤片里襟开始缝至左前裤片门襟，缝份为 1cm，注意对准剪口对位点，如图 4-202 所示。

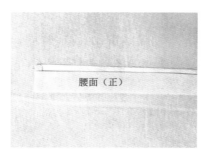

图 4-201　烫腰头

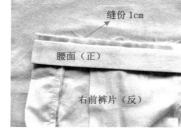

图 4-202　绱腰里

（2）绱腰面。将腰头向上翻转包住缝份，采用漏落针缝制腰面，距止口线缉缝 0.1cm，如图 4-203 所示。

16. 缝制脚口

（1）折烫脚口。将左右脚口向裤片反面折烫 4cm，如图 4-204 所示。

图 4-203　绱腰面

图 4-204　折烫脚口

（2）缲三角针固定脚口。将裤口用缲三角针固定在裤片上，如图 4-205 所示。

17. 锁纽眼、钉纽扣

（1）锁纽眼。在门襟腰头距前中 1.2cm 处锁纽眼。

（2）钉纽扣。在里襟腰头相应位置钉纽扣。

图 4-205　缲三角针

18. 整烫

在整烫开始前，先将西裤的线头、划粉印记、污渍等清理干净，再进行整烫工序。

西裤整烫的工艺流程为：烫前后裆缝→烫侧缝→烫下裆缝→烫前裤中线→烫后裤中线→烫腰头。在熨烫过程中，熨斗需直上直下进行熨烫，避免西裤变形，腰头、脚口、门襟部位需烫实、烫平，衣身表面无折皱，正面熨烫时需加盖烫布，防止烫黄、变色和产生"极光"。

图 4-206 为西裤成品展示图。

（a）正面　　　　　　　（b）侧面

图 4-206　西裤成品展示图

五、西裤质检要求

根据《最新国家服装质量监督检验检测工作技术标准实施手册》部分摘录。

1. 西裤外形检验

（1）裤腰顺直平服，左右宽窄一致，缉线顺直，不吐止口。

（2）串带部位准确、牢固、松紧适宜。

（3）前身褶裥及后省距离大小、左右相同，前后腰身大小、左右相同。

（4）门襟小裆封口平服牢固，缉线顺直清晰。

（5）门、里襟长短一致，门襟表面平整。

（6）左右裤脚长短、大小一致，前后挺缝线丝绺正直；侧缝与下裆缝、中裆以下需对准。

（7）袋口平服，封口牢固，斜袋垫布需对格条。

（8）后袋部位准确，左右相同，嵌线宽窄一致；封口四角清晰，套结牢固。

（9）下裆缝顺直、无吊紧；后裆缝松紧一致，十字缝需对准。

2. 西裤缝制检验

（1）面料丝绺和倒顺毛原料一致，图案花型配合相适宜。

（2）面料与黏合衬黏合不应脱胶、不渗胶、不引起面料变色、不引起面料皱缩。

（3）钉扣平挺，结实牢固，不外露。纽扣与扣眼位置大小配合相适宜。

（4）机缝牢固、平整、宽窄适宜。

（5）各部位线路清晰、顺直，针迹密度一致。

（6）针迹密度：明线不少于 14 针 /3cm，暗线不少于 13 针 /3cm，手缲针不少于 7 针 /3cm，锁眼不少于 8 针 /1cm。

3. 西裤规格检验

（1）裤长：由腰部上端沿侧缝量至脚口边，误差 ±1.5cm。

（2）下裆长：由裆底十字缝交叉点沿下裆缝量至脚口边，误差 ±1cm。

（3）腰围：扣好裤钩（纽扣），沿腰宽中间横量（周围计算），误差 ±1.5cm。

（4）臀围：在臀部位置（由上而下，在上裆的 2/3 处），从左至右横量（周围计算），误差 ±2.5cm。

（5）裤脚口围：平放裤脚口，沿脚口从左至右横量（周围计算），误差 ±1cm。

4. 西裤对条对格检验

（1）前后裆缝：条料对条、格料对横，互差不大于 0.4cm。

（2）袋盖与后身：条料对条、格料对横，互差不大于 0.3cm。

5. 西裤对称部位检验

（1）裤脚（大小、长短）：极限互差为 0.5cm。

（2）裤口大小：极限互差为 0.5cm。

（3）口袋（大小、进出、高低）：极限互差为 0.4cm。

第五节　一步裙缝制工艺

一步裙分为基本款和紧身款。从腰部到臀部的松量小，比较贴体，从臀围至下摆为直线型，为基本款。从臀围至下摆逐步变窄，为紧身款。为方便行走，下摆加入裥或开衩。

一步裙适合青年人及中年人穿着，多数与上衣统一面料。该款裙子为装腰式，长度至膝盖附近，后中或右侧装隐形拉链。本节将具体阐述一步裙的缝制工艺。

一、一步裙款式设计

1. 款式设计说明

该款式一步裙为合身型半身裙，绱直型腰头；后中装隐形拉链；前、后裙片各设两个省道；后中衩，门襟处设裙钩一对；一步裙多出现在职业装中。

2. 着装效果图

图 4-207 为一步裙着装效果图。

3. 平面款式设计图

图 4-208 为一步裙款式设计图。

（a）正面　　（b）反面

图 4-207　一步裙着装效果图　　　图 4-208　一步裙款式设计图

二、一步裙结构设计

一步裙成品规格表见表 4-5。

表 4-5　一步裙成品规格表

号型：160/68A　　　　　　　　　　　　　　　　　　　　　　　　单位：cm

部位	裙长（SL）	腰围（W）	臀围（H）	腰头宽	后衩高／宽	拉链长
尺寸	62	68+2（放松量）=70	90+6（放松量）=96	4	20/4	18

图 4-209 为一步裙结构设计图。

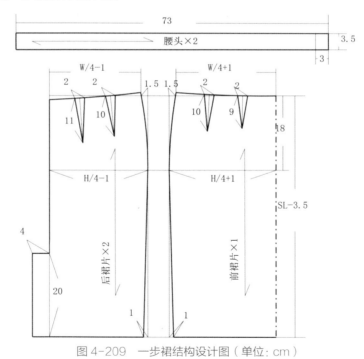

图 4-209　一步裙结构设计图（单位：cm）

三、一步裙样板放缝和裁剪

图 4-210 为一步裙样板面料放缝图。

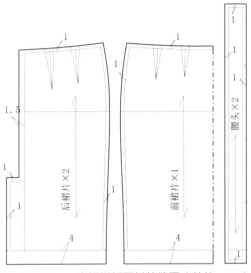

图 4-210　一步裙样板面料放缝图（单位：cm）

图 4-211 为一步裙面料排料图。

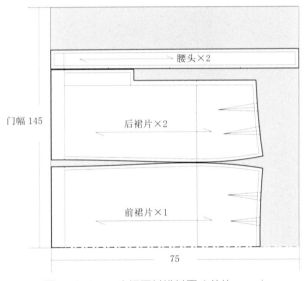

图 4-211　一步裙面料排料图（单位：cm）

图 4-212 为一步裙黏合衬排料图。

图 4-212　一步裙黏合衬排料图（单位：cm）

四、一步裙缝制工艺步骤

1. 缝制前准备

（1）面料。一步裙面料多采用全毛、毛涤混纺或化纤面料，以下样衣缝制以白坯布为例，尺寸为 145cm×103cm，如图 4-213 所示。

（2）辅料。一步裙辅料主要包括：无纺黏合衬，尺寸为 75cm×10.5cm；同色隐形拉链一条；同色缝纫涤纶线，如图 4-214 所示。

图 4-213　一步裙面料　　　　图 4-214　一步裙辅料

（3）调节缝纫机。一步裙一般针距为 13~15 针/3cm，调节底面线的松紧度。

2. 裁剪衣片和黏合衬

裁剪面料之前先将面料进行预缩烫平，按照样板排料图将衣片平铺在面料反面，用划粉沿着样板边缘描画在面料反面，依次沿着描边裁剪衣片，裁剪要求边缘顺滑，不能出现毛边和锯齿形。一步裙面料裁片包括：前裙片 1 片、后裙片 2 片、腰头 1 片，如图 4-215 所示。

按照黏合衬排料图，黏合衬裁片包括：腰头 1 片、后右衩 1 片、左右衩 1 片、后裙片下摆贴边 2 片、前裙片下摆贴边 1 片，如图 4-216 所示。

图 4-215　一步裙面料裁剪图

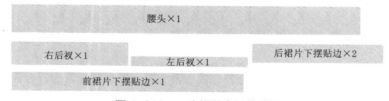

图 4-216　一步裙黏合衬裁剪图

3. 烫黏合衬

一步裙烫黏合衬部位有腰头、后左衩和后右衩等，如图 4-217 所示。

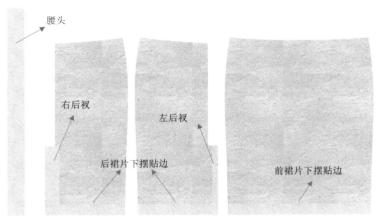

图 4-217　一步裙烫黏合衬部位

4. 打剪口

一步裙需要打剪口的有臀围线，前、后腰省道，腰头对位点等部位，如图 4-218 所示。

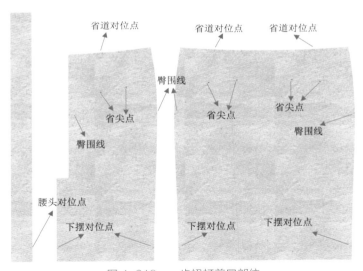

图 4-218　一步裙打剪口部位

5. 锁边

在正式缝制前各裁片的边缘需锁边，除腰口不锁边，其他裁片的边缘均需锁边。

6. 缝制前、后裙片省道

（1）缝制前、后裙片省道。将前、后裙片各正面相对，沿着省中线对折省道，从省跟缝至省尖，注意缝制省尖时多缝制几针，拉出 3cm 线头剪断，如图 4-219、图 4-220 所示。

（2）烫前、后裙片省道。将前、后裙片省道放平在布馒头上，前裙片省道向前中线方向烫倒，后裙片省道向后中线方向烫倒。要求省尖处无凸起，注意熨烫省道时面布上铺一块烫布，防止烫黄或烫出"极光"，如图 4-221、图 4-222 所示。

图 4-219 缝制前裙片省道

图 4-220 缝制后裙片省道

图 4-221 烫前裙片省道

图 4-222 烫后裙片省道

7. 缝合后裙片面布

缝合后裙片面布，将左、右后裙片正面相对，从拉链下端止点缝至后开衩上端止点，缝份为 1.5cm，缝份分开烫平，如图 4-223 所示。

8. 绱拉链

此款一步裙采用的是隐形拉链，故在缝制拉链前需更换单边压脚。

（1）缝制左后裙片和拉链。将拉链拉开，再将左后裙片和拉链正面相对，从腰口处缝至拉链下端止口点，缝份为 1cm。注意在缝制时用手扒开隐形拉链的齿牙，止口处倒回针固定。

（2）缝制右后裙片和拉链。将右后裙片和拉链正面相对，从腰口处缝至拉链下端止口点，缝份为 1cm，如图4-224 所示。

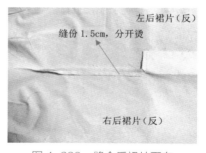

图 4-223 缝合后裙片面布

图 4-224 绱拉链

（3）固定拉链。在反面将拉链与缝份车缝固定。

9. 缝合前、后裙片侧缝

（1）缝合前、后裙片侧缝。将前、后裙片正面相对，沿着侧缝从腰口处缝至下摆，缝份为1cm，如图4-225所示。

（2）烫前、后裙片侧缝。将侧缝放平在布馒头上，用熨斗分开烫平，如图4-226所示。

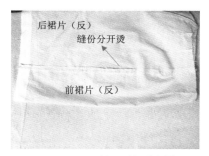

图4-225　缝制前、后裙片侧缝　　　　图4-226　烫前、后裙片侧缝

10. 缝制下摆折边

（1）折烫下摆折边。将裙片下摆向反面折烫4cm，注意用熨斗压实，如图4-227所示。

（2）下摆折边缲三角针。将下摆折边缲三角针固定，如图4-228所示。

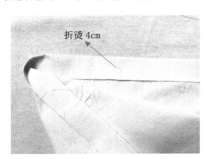

图4-227　折烫下摆折边　　　　　图4-228　下摆折边缲三角针

11. 缝制腰头

（1）缝制腰头。将腰头一侧长边向反面扣烫1cm，然后将腰头正面相对缝合两端，缝份为1cm，如图4-229所示。

（2）烫腰头。将腰头翻转至正面烫平，如图4-230所示。

12. 绱腰头

（1）绱腰里。将裙片和腰里正面相对，从右后裙片开始缝至左后裙片，缝份为1cm，注意对准剪口对位点，如图 4-231 所示。

（2）绱腰面。将腰头向上翻转包住缝份，采用漏落针缝制腰面，距止口线缉缝 0.1cm，如图 4-232 所示。

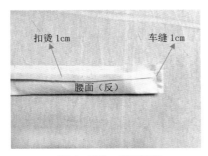

图 4-229　缝制腰头

图 4-230　烫腰头

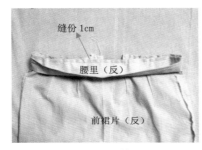

图 4-231　绱腰里

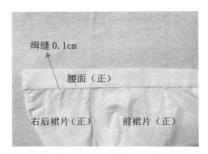

图 4-232　绱腰面

13. 缝制裙钩

在后腰门襟腰头和里襟腰头对应处手缝固定一对裙钩，如图 4-233 所示。

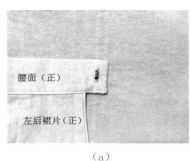

（a）　　　　　　　　　　　　　　　（b）

图 4-233　缝制裙钩

14. 整烫

在整烫开始前，先将西裤的线头、划粉印记、污渍等清理干净，再进行整烫工序。

一步裙整烫的工艺流程为：烫下摆→烫侧缝→烫裙衩→烫省道→烫腰头。在熨烫过程中，熨斗需直上直下进行熨烫，避免一步裙变形，腰头、脚口、门襟部位需烫实、烫平，衣身表面无折皱，正面熨烫时需加盖烫布，防止烫黄、变色和产生"极光"。

图4-234为一步裙成品展示图。

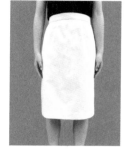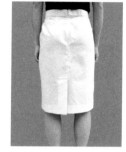

图4-234　一步裙成品展示图

五、一步裙质检要求

根据《最新国家服装质量监督检验检测工作技术标准实施手册》部分摘录。

1. 一步裙外形检验

（1）裙腰顺直平服，左右宽窄一致，缉线顺直，不吐止口。

（2）前后腰省距离大小、左右相同，前后腰身大小、左右相同。

（3）纽扣与扣眼位置准确，拉链松紧适宜平服，不外露。

（4）侧缝顺直，松紧适宜，吃势均匀。

（5）后衩平服无搅豁，里外长短一致。

2. 一步裙缝制检验

（1）面料丝绺和倒顺毛原料一致，图案花型配合相适宜。

（2）面料与黏合衬黏合应不脱胶、不渗胶、不引起面料变色、不引起面料皱缩。

（3）钉扣平挺，结实牢固，不外露。纽扣与扣眼位置大小配合相适宜。

（4）机缝牢固、平整、宽窄适宜。

（5）各部位线路清晰、顺直，针迹密度一致。

（6）针迹密度：明线不少于14针/3cm，暗线不少于13针/3cm，手缲针不少于7针/3cm，锁眼不少于8针/1cm。

3. 一步裙规格检验

（1）裙长：由腰上端，沿侧缝量至底摆，误差±1cm。

（2）后中长：由腰上端，沿后中线量至底摆，误差±1m。

（3）腰围：沿腰带中心，从左至右横量（周围计算），误差±1.5cm。

（4）臀围：沿臀部位置，从左至右横量（周围计算），误差±2cm。

（5）裙摆围：沿裙摆围量一周，误差±2cm。

参考文献

[1] 杰弗莉等.服装缝制图解大全 [M].潘波等译.北京：中国纺织出版社，1999.

[2] 康妮·阿玛登·克兰福德.图解服装缝制手册 [M].刘恒等译.北京：中国纺织出版社，2004.

[3] 登丽美服装学院.登丽美时装造型·工艺设计 [M] 新版①基础篇（上）.祝祝煜明译.上海：东华大学出版社，2003.

[4] 登丽美服装学院.登丽美时装造型·工艺设计 [M] 新版①基础篇（下）.祝祝煜明译.上海：东华大学出版社，2003.

[5] 水野佳子.缝纫基础的基础·从零开始的缝纫技巧 [M].金玲，韩慧英译.北京：化学工业出版社，2014.

[6] 水野佳子.纸样与裁剪基础的基础 [M].金玲，韩慧英译.北京：化学工业出版社，2018.

[7] 坂上镜子.手作服缝纫基础 [M].韩慧英译.北京：化学工业出版社，2011.

[8] 姜淑女，金京花.女装缝制工艺基础 [M].张顺爱译.上海：东华大学出版社，2014.

[9] 胡茗.服装缝制工艺 [M].北京：中国纺织出版社，2015.

[10] 张华，匡才远.服装缝制工艺与实践 [M].南京：东南大学出版社，2016.

[11] 徐静，王允，李贵新.服装缝制工艺 [M].上海：东华大学出版社，2010.

[12] 鲍卫君.服装制作工艺成衣篇 [M].3 版.北京：中国纺织出版社，2017.

[13] 侯东昱，仇满亮，任红霞.女装成衣工艺 [M].上海：东华大学出版社，2012.

[14] 周捷.女装缝制工艺 [M].上海：东华大学出版社，2015.

[15] 鲍卫君.女装工艺 [M].2 版.上海：东华大学出版社，2017.

[16] 童敏.服装工艺·缝制入门与制作实例 [M].北京：中国纺织出版社，2015.

[17] 李正，徐崔春.服装学概论 [M].北京：中国纺织出版社，2014.

[18] 孙兆全.成衣纸样与服装缝制工艺 [M].北京：中国纺织出版社，2000.

[19] 刘瑞璞.服装纸样设计原理与技术·女装篇 [M].北京：中国纺织出版社，2005.

[20] 李正，宋柳叶，严烨晖，陈颖.服装结构设计 [M].2 版.上海：东华大学出版社，2018.

[21] 李正，唐甜甜，杨妍，徐倩蓝.服装工业制版 [M].3 版.上海：东华大学出版社，2018.

[22] 闫雪玲.服装缝制基础 [M].北京：中国轻工业出版社，2008.

[23] 严建云，郭东梅.服装结构设计与缝制工艺基础 [M].2 版.上海：东华大学出版社，2015.

[24] 中华人民共和国国家标准服装术语：GB/T 15557—2008.北京.中国标准出版社，2008.